LES

RÉCIDIVISTES

ET

LA LOI DU 28 MAI 1885

LES
RÉCIDIVISTES

ET

LA LOI DU 28 MAI 1885

PAR

M. C. AUZIES

DE LÉGISLATION
IX-FLORAUX
R D'APPEL DE TOULOUSE
GÉNÉRAL DE L'ARIÈGE
ON D'HONNEUR

. . . . Facilis descensus Averno :
tes atque dies patet atri janua ditis :
revocare gradum, superasque evadere ad auras
: opus, hic labor est. »
VIRGILE « Enéide, » liv. VI, vers. 126 à 129)

PARIS
LIBRAIRIE NOUVELLE DE DROIT ET DE JURISPRUDENCE
ARTHUR ROUSSEAU,
ÉDITEUR
14, RUE SOUFFLOT ET RUE TOULLIER, 13

1885

LES
RÉCIDIVISTES

ET

LA LOI DU 28 MAI 1885

PAR

M. C. AUZIES

MEMBRE DE L'ACADÉMIE DE LÉGISLATION
MAINTENEUR DES JEUX-FLORAUX
CONSEILLER HONORAIRE A LA COUR D'APPEL DE TOULOUSE
ANCIEN PRÉSIDENT DU CONSEIL GÉNÉRAL DE L'ARIÉGE
CHEVALIER DE LA LÉGION D'HONNEUR

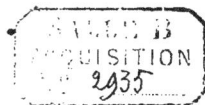

« . . . . Facilis descensus Averno :
» Noctes atque dies patet atri janua ditis :
» Sed revocare gradum, superasque evadere ad auras
» Hoc opus, hic labor est. »
(VIRGILE « Enéide, » liv. VI, vers. 126 à 129)

PARIS

LIBRAIRIE NOUVELLE DE DROIT ET DE JURISPRUDENCE

ARTHUR ROUSSEAU,

ÉDITEUR

14, RUE SOUFFLOT ET RUE TOULLIER, 13

1885

AVANT-PROPOS

L'Etude sur les récidivistes a fait naguère au sein de l'Académie de législation le sujet de quatre lectures consécutives. C'est à l'accueil flatteur dont cette communication a été l'objet qu'il faut attribuer le dessein de réunir en un volume les quatre chapitres qui la composent.

Intéresser le monde juridique est à coup sûr chose plus difficile que de recueillir les suffrages toujours bienveillants d'une société savante. Aussi n'est-ce pas sans appréhension que l'auteur ose affronter l'épreuve redoutable de la publicité. Une chose pourtant l'a soutenu : Le désir d'être utile ; et, s'il faut qu'il dévoile à cet égard toute sa pensée, il n'est pas sans espoir d'avoir réussi dans cette entreprise difficile. Ce n'est pas qu'il se fasse la moindre illusion sur les imperfections de son œuvre ; mais la matière traitée présente actuelle-

2

ment un intérêt si vrai qu'elle lui a paru mériter aumoins l'attention de tous. Tel est le motif de sa confiance. Il s'est efforcé, du reste, de rendre cette étude aussi complète que possible. La division du sujet en quatre parties lui a permis de résumer d'abord la doctrine des criminalistes sur cette grave question des récidivistes, d'analyser ensuite l'enquête pénitentiaire ordonnée par l'Assemblée nationale, d'étudier aussi la loi du 16 juin 1875 sur le régime des prisons départementales, d'apprécier le but salutaire qu'elle voulait atteindre et la cause de son impuissance à le réaliser, d'exposer encore les moyens préventifs indiqués dans la proposition Bérenger votée par le Parlement; enfin, d'asseoir une opinion raisonnée sur la loi du 28 mai 1885 en éclairant l'esprit et la portée du texte par les discussions remarquables qui l'ont précédée soit à la Chambre soit au Sénat.

On pourra signaler dans ce travail de franches approbations mêlées à de vives critiques sur diverses dispositions de la loi nouvelle. Les unes et les autres n'ont été dictées que par les inspirations de la conscience, sans parti pris et sans autre préoccupation que de rendre aux bonnes intentions la justice qui leur est due.

Quant à la forme, dont l'auteur a revêtu des détails trop souvent arides, il ne saurait lui convenir d'en parler. Seulement, il lui sera bien permis

de dire que, s'il n'a pas su mettre à profit hélas !
les conseils d'Horace à ceux qui prétendent donner
de l'attrait aux productions de l'esprit, il s'estime-
rait pourtant heureux s'il avait pu, ne fut-ce qu'au
moindre degré, s'inspirer parfois du précepte cher
au poète ami du bon sens :

« Omne tulit punctum, qui miscuit utile dulci. »

Toulouse,   juillet 1885.

LES RÉCIDIVISTES

Par M. AUZIES,

Conseiller honoraire à la Cour d'appel de Toulouse,
Membre de l'Académie de Législation.

« . . . . . . Facilis descensus Averno :
« Noctes atque dies patet atri janua ditis :
« Sed revocare gradum, superasque evadere ad auras
« Hoc opus, hic labor est. »

(Virgile, *Enéide*, liv. VI, vers. 126 à 129).

CHAPITRE I.

ÉTAT ACTUEL DE LA DOCTRINE PÉNITENTIAIRE SUR CETTE MATIÈRE.

La question des récidivistes, dont nul ne saurait contester l'importance sociale, est posée depuis longtemps devant l'opinion publique. Tous ceux qui à des titres divers, avant tous les autres les magistrats et les publicistes, ont dû s'occuper de matières criminelles, se sont efforcés d'en sonder les profondeurs et d'en pressentir la solution. Pouvait-il en être autrement lorsque, pour nous arracher à une trompeuse sécurité, sans souci des protestations d'un dangereux optimisme, une statistique impitoyable nous révélait qu'en 1883 le chiffre des récidivistes dépassait 70,000 (1), et que dans les départements les plus considérables, par exemple ceux de la

(1) Chambre des Députés, séance du 22 juin 1883.

Seine, du Nord, de la Gironde et des Bouches-du-Rhône, presque la moitié des condamnés appartenait à cette catégorie redoutable?

La marche ascendante de la récidive est absolument régulière et normale : pas un temps d'arrêt ; et, comme on l'a dit, les rives inondées du Nil ne reçoivent pas, année par année, de couches de limon plus égales (1). En effet, de 1851 à 1855, la moyenne annuelle de l'ensemble des récidivistes est de 34,901 ; dix ans après, de 1861 à 1865, elle est de 48,890 ; en 1869, elle est de 64,388 ; en 1878, de 70,170 ; en 1879, de 72,265.

Devant un tel spectacle, la magistrature s'est émue ; car elle a toujours montré pour ce grave problème de la récidive criminelle la plus vive sollicitude.

A l'audience de rentrée de la Cour de cassation du 3 novembre 1880, M. l'avocat général Petiton sonnait l'alarme..... « La classe des récidivistes endurcis des
» maisons correctionnelles ou des maisons centrales,
» disait-il, compte dans son sein des hommes dont la
» présence au milieu des populations est très dangereuse
» pour la sécurité publique. S'il est vis-à-vis des coupa-
» bles un temps pour les essais de l'indulgence, n'en
» est-il pas un aussi pour les mesures d'inébranlable fer-
» meté ? Quand tous les efforts, que les sentiments
» d'humanité commandent, ont été vainement tentés pour
» la réforme ou l'intimidation du criminel, il faut savoir
» en purger le milieu social dont il est devenu l'irrécon-
» ciliable ennemi. Ainsi le veut la grande loi de la légi-
» time défense, qui est le droit absolu et le devoir pri-
» mordial de la société..... »

Dans une cour d'appel du Midi, un autre magistrat,

---

(1) Reinach : Les Récidivistes. *Revue politique et littéraire*, n° 17, du 22 octobre 1881.

appelé souvent à présider les assises, avait accusé déjà résolûment le régime pénitentiaire français de produire et de multiplier les récidives (1).

« C'est surtout, disait-il, sur les maisons centrales, où
» sont subies les peines de la réclusion et de l'emprison-
» nement à plus d'une année, que nous voudrions tout
» spécialement appeler l'attention des gens de bien. Là
» la peine est un agent suprême de démoralisation, con-
» trairement à son but et à son effet naturel. Les malfai-
» teurs de toute sorte, de tout âge (sauf les enfants), de
» toute condition, s'y trouvent réunis. Ils s'enseignent
» mutuellement à devenir plus mauvais. Dans ces abîmes
» du mal, où une surveillance efficace est impossible,
» l'estime de soi-même, ce premier et le meilleur des
» freins, se perd complètement. Aucun front n'y rougit
» plus. Réunir les criminels, c'est les avilir. Ce qui ré-
» sulte, au point de vue des mœurs, d'une telle promis-
» cuité d'hommes sans retenue, est inénarrable. Mais,
» en outre, que de complots s'ourdissent là pour être
» exécutés à la sortie ; que d'enseignements pervers, que
» d'instructions données par les demeurants à ceux qui
» sortent pour commettre tous les crimes, que de narrés
» scandaleux de ce qui a été fait ! Là se préparent et se
» concertent les récidives à réaliser. Pour penser que la
» peine, subie en ces lieux de perdition, diminuera les
» récidives, il faut ne connaître ni les maisons centrales
» ni ce qu'est l'âme du criminel. Toute peine subie dans
» ce milieu, quelle qu'elle fût d'ailleurs en elle-même,
» serait en général inefficace au point de vue de la mora-

(1) Delpech, conseiller à la cour d'appel de Montpellier : De l'Influence du régime pénitentiaire français sur les récidives. *Bulletin
de la Société générale des prisons*, no 8, novembre 1878, p. 851
et suiv.

» lisation des condamnés. Mais nous disons encore que,
» telle qu'elle est constituée, elle ne peut que pervertir
» davantage..... »

La Cour de cassation elle-même, dans ses observations
de janvier 1873, avait déjà dit avec une admirable
concision : « C'est la récidive qui fait l'augmentation
» de la criminalité ; mais c'est la prison qui fait la réci-
» dive..... »

Ces données d'une haute expérience, ces enseignements revêtus en quelque sorte de toute l'autorité qu'em-
prunte à d'augustes fonctions une longue pratique rehaus-
sée par tout le prestige de la science elle-même, ne
pouvaient que se rencontrer en complète harmonie avec
la doctrine des publicistes sur cette matière. Dans une
communication verbale, faite à la Société de statistique
de Paris, l'un d'eux (1) constatait l'urgente nécessité
d'une loi de préservation sociale. « Le nombre des réci-
» dives jugées chaque année par les cours d'assises et
» par les tribunaux correctionnels, disait-il, n'a cessé de
» suivre une progression effrayante. Le mal est grand.
» Il importe d'en rechercher les causes et, s'il est pos-
» sible, les moyens d'y remédier. » Dans une étude très
remarquable et très remarquée, M. Joseph Reinach (2),
disait à son tour : « Le criminel endurci doit être aban-
» donné à toute la sévérité du Code. S'apitoyer sur la
» destinée qui l'a perdu, chercher à sa perversité des
» circonstances atténuantes, voir autre chose en lui
» qu'un danger social, c'est faire preuve d'une naïveté
» coupable, c'est assumer la responsabilité de ses futurs

(1) E. Yvernès, séance du 7 décembre 1882.

(2) *Revue politique et littéraire*, n⁰ˢ des 15, 22, 29 octobre et 5 novembre 1881.

» fortaits, c'est altérer dans l'esprit de la nation toute
» notion du juste et de l'injuste. » Enfin, au Congrès
international de Stockholm, la question des récidivistes
était savamment discutée (1); et sur les criminels d'habitude, sur les récidivistes invétérés on appelait à l'envi
toute la rigueur de la loi, parce que celle-ci, disait-on, ne
pouvait réagir utilement qu'en s'armant de peines persé-
vérantes et sévères.

Voilà donc qui est certain : Magistrats et publicistes,
« j'en passe et des meilleurs, » après avoir constaté la
progression ascendante des récidives, et ce qu'il y a de
dangereux pour la société dans une telle situation (2), estiment qu'il y a lieu d'appliquer, sans scrupule sinon sans
mesure, aux récidivistes des peines rigoureuses, capables,
à défaut d'une amélioration impossible, de les maintenir
au moins dans l'inaction par la crainte d'un châtiment
exemplaire.

On se méprendrait, toutefois, étrangement sur les sentiments des hommes dont nous venons de constater l'opinion en matière de récidive, si l'on pensait que, préoc-
cupés uniquement du danger social, leur unique but est
d'intimider et de frapper. Au contraire, leur grand souci
c'est l'amendement des coupables, c'est la recherche et
l'étude consciencieuse des moyens propres à les préserver
sûrement des rechutes prochaines, en les ramenant de la
voie criminelle, où ils se sont témérairement engagés,
dans un milieu social où ils pourraient retrouver par le
travail la confiance qu'ils ont perdue. Sans doute ils veulent qu'on se montre inflexible à l'égard des criminels

(1) Rapport de M. Wahlberg, professeur à l'Université, conseiller
aulique à Vienne.

(2) Baker : La Récidive. *Bulletin de la Société générale des prisons*,
n° 5, mai 1881.

endurcis pour lesquels il n'est plus permis, sans illusion
volontaire, de conserver un espoir de retour vers le bien;
mais ils insistent de concert pour que l'épreuve soit décisive et que ces malheureux ne soient définitivement
classés dans la catégorie des incorrigibles, qu'après la
démonstration certaine, irréfragable de l'inefficacité de
toutes les mesures qui devaient servir, après une répression suffisante, à les améliorer et même à les transformer.

Voici, du reste, le résumé succinct mais complet de leur
doctrine :

Le premier remède au développement des récidives,
c'est au système pénitentiaire lui-même qu'il convient
de le demander. Dominé par la seule idée de l'expiation,
le Code de 1810 ne s'occupa que de l'exécution de la
peine elle-même et n'en vit point le lendemain. De la
sorte, il ne cherchait qu'à venger la Société des dommages
subis, il ne la préservait pas contre les attentats à venir.
Mettre le condamné dans l'impossibilité actuelle de nuire
en le jetant au fond d'un cachot, c'était l'unique devoir
de la société. D'autres principes ont prévalu de nos jours;
et les criminalistes sont généralement d'accord sur ce
point que la peine doit être à la fois afflictive et moralisatrice : afflictive afin de laisser au libéré un souvenir
nécessaire de souffrance et d'intimidation ; moralisatrice
afin de joindre à ce premier effet quelque chose de plus
élevé dans son essence, la réforme morale de sa perversité s'il est possible et la reconstitution de sa conscience.

Mais comment obtenir un résultat si désirable ? Comment atteindre à cet idéal ? La prison étant devenue par
la force des choses, malgré la sollicitude attentive des
fonctionnaires qui la dirigent, comme une école de vice
et comme le stage de la récidive, il faut la réformer. Que
le régime matériel y soit rigoureux, mais que le régime

moral y soit en même temps plein de respect pour l'âme
humaine afin d'accomplir l'œuvre difficile de la régénération. Or, la détention séparée et l'emprisonnement cellulaire, appliqués avec les ménagements commandés par la
raison et la nature sociable de l'homme, peuvent seuls
favoriser dans une large mesure l'amendement des condamnés. C'est à cette première conclusion qu'aboutissait
aussi M. d'Haussonville dans le savant rapport qui pré-
céda la réforme législative de 1875 ; mais il ajoutait avec
la hauteur de vue justifiée par ses longs travaux autant
que par son noble caractère : « Les deux agents directs
» de la moralisation dans les prisons sont d'abord la
» religion et ensuite l'instruction. Et on ne s'éton-
» nera pas que nous disions d'abord la religion. De
» quelque opinion qu'on fasse, en effet, profession sur
» ces graves problèmes, qui de notre temps divisent et
» passionnent les esprits, on ne peut méconnaître que
» pour relever les âmes dégradées et les ramener au
» bien par le repentir et l'espérance, aucune doctrine n'a
» des arguments aussi puissants et aussi tranchants que
» la doctrine chrétienne. »

Si le régime de la cellule a été tel qu'il doit être, si le
condamné a été sérieusement contraint à regarder sa
faute en face et à réfléchir, il est presque impossible, au
moment où la porte de la prison se rouvre devant lui,
qu'une voix impérieuse ne parle dans sa conscience et
que le désir de se refaire une vie honnête ne renaisse en
lui. C'est à cette minute de convalescence morale qu'il
faut le prendre, qu'il faut mettre à portée de sa main les
instruments de sa réhabilitation par le travail. C'est l'instant où le patronage peut offrir utilement son concours
prompt et dévoué, ou qu'à défaut, l'Etat lui-même doit
intervenir pour le sauver.

Mais, à côté du patronage et en quelque sorte parallèlement avec lui, il est une autre réforme réclamée par la science : c'est l'organisation par les pouvoirs publics de la libération préparatoire..... « Un criminel, dit Bentham, » après avoir subi sa peine dans les prisons, ne doit pas » être rendu à la liberté sans précautions et sans épreu- » ves. Le faire passer subitement d'un état de surveil- » lance et de captivité à une liberté illimitée, l'aban- » donner à toutes les tentations de l'isolement, de la » misère et d'une convoitise aiguisée par de longues pri- » vations, c'est un trait d'insouciance et d'inhumanité » qui mérite d'exciter l'attention des législateurs..... »

Il y aurait donc, au double point de vue d'une grâce définitive à accorder et de la sécurité générale à protéger, une complète garantie dans une épreuve de la liberté faite par le condamné, durant sa peine, en dehors de la prison. Combinée en particulier avec le régime cellulaire et l'organisation du patronage, cette épreuve ne pourrait que fortifier encore les obstacles que ces deux institu- tions ont pour but d'opposer au développement des réci- dives.

Mais si, conduit de la sorte jusqu'à l'entrée de la route droite, le libéré s'est volontairement rejeté dans le chemin de traverse ; s'il répond par la guerre à cette grande paix du travail si généreusement offerte ; s'il devient récidi- viste dans ces conditions, c'est alors un ennemi contre lequel on est en droit de se montrer implacable. Le phy- siologiste peut encore le considérer comme digne de pitié. Le législateur ne doit plus voir en lui qu'un rebelle qu'il faut rendre impuissant. Puisque la planche de salut lui a été tendue et qu'il l'a repoussée, la conscience sociale peut être en repos. Il s'est mis lui-même au ban, il doit en subir les conséquences. A des attentats répétés, preuve manifeste qu'il n'a point désarmé, la société doit répondre en le rejetant hors de son sein. Elle peut alors et elle doit transporter les récidivistes (1).

La transportation ! C'est à cette suprême mesure qu'aboutissent, en définitive, presque tous les systèmes proposés pour la répression de la récidive, à la condition toutefois que la loi n'aura rien négligé pour la prévenir, en assurant et en améliorant le plus possible le sort des libérés.

Autour de cette proposition s'agitent pourtant, il faut le reconnaître, de vives controverses. Elle a rencontré même dans les plus hautes régions d'énergiques adversaires. « Je m'en déclare l'ennemi acharné, » s'écriait le comte Wsollohub, conseiller privé de S. M. l'Empereur de Russie, à une des séances de la Société générale des prisons » (2). « Le plus grand évènement du siècle, continuait-il, a » été, sans contredit, pour la science pénitentiaire, l'abo- » lition du système anglais de déportation. Les résultats » se sont manifestés immédiatement : tranquillité dans » les colonies, économies considérables, diminution sen- » sible des crimes et des récidives, précision dans les » peines; tout a surgi comme par miracle après une hé- » sitation de deux siècles. »

Sans vouloir contester précisément l'exactitude de ces appréciations, il faut dire pourtant que tandis qu'en France on ne comprend guère le système de la transportation que comme un remède héroïque dont la société se sert contre les malfaiteurs qu'elle désespère de ramener au bien (3), en Angleterre, au contraire, surtout depuis la

(1) *Vid. passim, loc. cit.* Joseph Reinach. *Vid.* Discours de rentrée de M. l'avocat-général Pétiton.

(2) 27 juin 1877. Présidence de M. Dufaure.

(3) *Vid.* Ribot, député. Etude sur le système pénitentiaire en Angleterre. *Revue des Deux-Mondes* du 1er février 1873.

réforme complète du système pénal préparée par lord
Crey et accomplie en 1848, tout condamné à la transportation devait être soumis d'abord à un emprisonnement cellulaire de courte durée, puis être employé à des
travaux publics en plein air ; c'est seulement après cette
double épreuve que le condamné pouvait obtenir, *comme
une sorte de faveur*, d'être envoyé en Australie avant
l'achèvement de sa peine (1). On ne peut donc rien conclure de l'abolition du système anglais de déportation
contre cette mesure envisagée d'une manière générale.
Au surplus, le revirement, qui s'est opéré en Angleterre
sur cette question, a pour cause des motifs qui n'ont rien
de contraire à la théorie de la transportation. Les résistances et l'opposition des colonies, provoquées par des
mesures d'un caractère purement fiscal, ont pu seules faire
renoncer la Grande-Bretagne à ce système pénal qui a
conservé ses préférences. En 1853, à la suite du bill qui
allait modifier le système pénitentiaire du royaume, la
commission de la Chambre des communes concluait ainsi :
« Parmi toutes les peines secondaires, la déportation est
celle qui inspire la plus grande crainte, qui concourt le
plus efficacement à la réforme du condamné et qui, par
cela même, est le plus utile au pays. »

Cette protestation d'un noble personnage, qui n'entre-
voyait peut-être la question qu'en songeant à la Sibérie
d'où s'échappent les milliers de vagabonds et de forçats
qui sillonnent sans cesse son pays et qui le désolent, est
restée sans écho. A quelque temps de là, le conseil supérieur des prisons, sur le rapport présenté par M. le
conseiller à la Cour de cassation Petit au nom de la commission d'étude, adoptait formellement en principe la

---

(1) *Vid.* Ribot, député. Étude sur le système pénitentiaire en Angleterre. *Revue des Deux-Mondes* du 1er février 1873.

transportation comme mesure à prendre en vue de la répression de la récidive (1).

L'honorable rapporteur, après avoir interrogé les statistiques officielles, qui signalent à l'envi l'accroissement incessant du nombre des récidivistes, constatait qu'à toutes les époques, en 1791 comme en l'an II et plus tard en 1851 et 1854, on avait reconnu la nécessité de débarrasser le pays d'individus dont la présence est un péril permanent pour l'ordre public, pour les personnes et pour les propriétés. Sur une terre étrangère, sur une terre pénale qui, pour emprunter les expressions de Lamartine, devient ensuite une terre de réhabilitation, le condamné même le plus endurci peut y recouvrer l'espérance en y trouvant des facilités pour le travail. Dans une société nouvelle, il peut devenir un homme nouveau, utile même pour la colonie, tandis qu'il était dangereux pour la métropole. Cette doctrine, résumée sous la forme d'un projet de loi, concluait à la transportation contre ceux qui, ayant encouru déjà deux condamnations pour crime ou trois condamnations à plus d'un an de prison chacune, étaient de nouveau condamnés à la réclusion ou au moins à une année d'emprisonnement. Les transportés devaient résider dans la colonie, où ils seraient assujettis au travail et soumis à la juridiction et aux lois militaires, et cela pendant toute leur vie. Cette dernière condition est admise en principe par la plupart des criminalistes. Ils estiment que la transportation des récidivistes ne peut être efficace qu'à la condition d'être perpétuelle. L'expérience enseigne, en effet, que si l'on veut donner à ces malheureux une chance sérieuse de se créer une vie nouvelle, il faut commencer par tuer en eux l'esprit de retour. Renvoyer

(1) V. *Bulletin de la Société générale des prisons*, no 2. Février 1878, pages 168 et suiv.

un forçat en France, c'est presqu'à coup sûr décréter sa
rechute morale. En décembre 1870, un repris de justice
nommé *Lhospitalier*, condamné à cinq ans de travaux
forcés, rentrait au pays après avoir subi sa peine à
Cayenne. A peine débarqué, plusieurs vols, un viol, de
nombreux attentats à la pudeur et un assassinat furent de
nouveau commis par ce misérable. Il fallut l'exécuter à
Saint-Nazaire en 1871. Ce forçat, s'il avait été gardé à
la Guyane, serait devenu peut-être un des bons ouvriers
de ce pays. En tout cas, Saint-Nazaire eût compté un assassinat et plusieurs filles déshonorées en moins (1). Rien
de plus stérile d'ailleurs que la résidence temporaire des
transportés libérés. Ils résistent avec une obstination invincible à toute idée de colonisation, et attendent dans la
fainéantise ou l'occasion de s'évader ou le jour du ra-
patriement. « Quelque longue que puisse être l'attente,
» leurs yeux ne quittent jamais le point où l'on doit
» s'embarquer. La colonisation pénale n'a rien à espérer
» d'eux » (2).

Les mêmes motifs invoqués à l'appui de la transportation perpétuelle, exigent que cette peine soit subie dans
les colonies les plus lointaines. Que l'on choisisse comme
lieu de transportation pour les récidivistes, des climats
salubres, l'humanité le commande; mais elle n'exige rien
de plus. Quand la mère-patrie n'a rencontré que des fils
ingrats et rebelles chez ceux dont elle s'efforçait d'améliorer la condition au prix des plus grands sacrifices,
elle doit désormais ne prendre souci que de sa propre
sécurité. Tout devient juste alors; et, sans craindre
les réclamations ou les reproches, elle peut elle aussi

(1) Observations de la Cour de Rennes, tom. V, p. 218.
(2) *Notice sur la transportation à la Guyane française et à la Nouvelle-Calédonie*, publiée par le ministère de la marine (1687, p. 39).

s'écrier en rejetant loin d'elle les criminels endurcis :

« J'ai voulu par des mers en être séparée » (1).

D'un autre côté, le récidiviste, s'il veut devenir un homme nouveau, a grand intérêt à mettre, pour ainsi dire, entre lui-même et ses crimes, l'immensité des océans Il serait autrement exposé, par ses penchants pervers, à regretter sa vie passée et à chercher obstinément les moyens d'évasion qui pourraient lui permettre de la recommencer. Qui ne sait qu'un attrait singulier pousse certains hommes vers le mal qu'ils ont une première fois accompli, pour le perpétrer encore, souvent en l'aggravant et toujours avec une sorte d'irrésistible volupté? ... Les criminels le reconnaissent eux-mêmes; et lorsque fatigués d'une vie douloureuse, telle que l'ont faite de déplorables antécédents, ils aspirent à une existence plus supportable et moins dégradée, c'est toujours vers les rives lointaines qu'ils dirigent leurs regards et leurs espérances pareils à ces malades que peut seul soulager un changement d'air et de climat et qui ne désirent rien tant que de fuir les lieux où ils ont contracté le germe des maux dont ils souffrent, dans la pensée que, sous d'autres cieux, ils reprendront une santé robuste et des forces nouvelles.

Un jour, c'était au mois d'août 1852, un repris de justice, placé sous la surveillance de la haute police, franchissant les limites de la commune qui lui avait été assignée pour sa résidence, errait à l'aventure dans les rues d'une ville voisine. C'était un chef-lieu d'arrondissement. Le hasard voulut que, dans ses pérégrinations, il rencontrât précisément le chef du parquet en personne, auquel il demanda l'aumône. Aux allures suspectes du mendiant, le magistrat comprit qu'il se trouvait en face

(1) *Phèdre*, acte II, scène V.

3

d'un vagabond éprouvé. Dès lors, il n'hésita pas à le
livrer lui-même à la gendarmerie. A quelques jours de là
Godefroy Victor, c'est le nom du personnage, comparais-
sait devant le tribunal de Castelsarrasin sous la préven-
tion de rupture de ban. Le délit était certain et toute
dénégation impossible. Du reste, bien loin de vouloir
l'atténuer, le prévenu s'efforçait, au contraire, d'en
aggraver les circonstances. A l'entendre, il était sous
l'oppression d'un mauvais génie qui le poussait au mal, ce
qui le rendait capable de tous les crimes et par cela
même très dangereux. En parlant de la sorte, ce malheureux exagérait visiblement ses torts. Il assombrissait à
dessein le tableau de ses déportements et de sa honte.
Sans doute, le bulletin n° 2, extrait du casier judiciaire
du tribunal de la *Seine* (il était né à Paris), constatait à
sa charge seize condamnations antérieures; mais sur ce
nombre une seule visait le vol. Les autres s'appliquaient
toutes au triple délit de vagabondage, de rupture de ban
et de mendicité. Même on pouvait dire à sa décharge,
que sa première condamnation pour vagabondage par le
tribunal de Châteaubriant en mars 1844, l'avait jeté subitement, et comme malgré lui, dans une voie fatale en
ajoutant, ce qui d'ordinaire ne se pratique pas pour un
premier délit, cinq ans de surveillance à la peine principale de trois mois d'emprisonnement. Godefroy Victor
se rendait parfaitement compte de cette situation. Il en
voyait, non sans effroi, le côté funeste ; aussi deman-
dait-il instamment qu'on voulût bien ordonner sa transportation dans une colonie reculée au milieu de l'Océan.
Que pouvait-il, en effet, attendre désormais dans son
pays, si ce n'est l'indifférence des hommes et, le plus souvent, leur méfiance et leur mépris? C'est ce qu'une
longue et triste expérience lui faisait péniblement entrevoir. Mais il n'était pas au pouvoir des juges d'accueillir

sa lamentable prière ; et malgré ses supplications, ce prévenu ne fut, à sa grande douleur, condamné, le 10 sep-
tembre 1852, qu'à la peine de quinze jours de prison.

Cet exemple et d'autres, qu'il serait facile de citer
encore, démontre que la transportation est souvent considérée par ceux-là même qu'elle frappe, comme la suprême ressource du repentir. Faut-il s'étonner après cela
que le 20 février 1852, sur un rapport du Ministre de la
marine, le gouvernement ait offert la transportation
comme une faveur aux forçats en cours de peine et que
plus de trois mille d'entre eux *l'aient acceptée spontané-
ment* ?

Sur tous ces points que nous venons d'exposer, on
rencontre en général, à part quelques dissidences dont il
faut tenir grand compte quand elles émanent d'esprits
distingués, un accord à peu près réalisé. Reste, pourtant,
une question de la plus haute importance qui, loin d'obtenir une solution uniforme est, au contraire, très vive-
ment controversée.

La transportation doit-elle être obligatoire ou restera-
t-elle facultative ? Elle doit être obligatoire, disent les
uns (1). En effet, si la transportation ne domine pas tout
l'ensemble du système pénal, si tout repris de justice
n'en sent pas la redoutable menace peser incessamment
sur sa tête ; s'il peut espérer, à l'heure où il projette un
second forfait, que cette expatriation perpétuelle ne sera
pas l'inévitable conséquence de la découverte de son
crime, rien n'est fait, tout sera à recommencer demain.
Puisque la mansuétude du châtiment incite à la récidive,
il est évident que seule la terreur de la peine peut en
détourner. Il y avait peu de récidivistes alors que la loi

(1) *Vid.* Joseph Reinach : *Revue politique et littéraire* du 22 octobre
1881, n° 17, p. 522 et 523.

disait, comme au xviᵉ siècle : Au premier vol, le coupable
sera pilorié ; au second il sera pendu..... Ou même lorsqu'elle disait comme en 91 : la peine sera doublée en cas
de récidive (1). Nous convenons, disent les autres, que la
société menacée dans sa sécurité par l'être décidément
pervers, a droit de le mettre, par une transportation au
loin, hors d'état de lui nuire. Ce principe trouve sa raison dans la moyenne criminalité aussi bien que dans la
grande. Seulement, on doit l'y dépouiller de ce qu'il
aurait de trop absolu. La matière du délit a des nuances
infinies. Les circonstances d'âge, de temps, de milieu, de
cause impulsive, peuvent singulièrement modifier les appréciations sur la moralité de l'agent. Il y a grande et
peut-être insoluble difficulté de tracer une règle fixe pour
déterminer la récidive qui devait donner lieu à la transportation du simple délinquant. Le point à saisir, c'est la
situation où il sera suffisamment démontré que le malfaiteur est devenu incorrigible et que sa présence, après sa
peine subie, ferait naître un péril dont la société a le droit
de se préserver. Mais ce point ne se découvre pas d'une
manière certaine par une ou plusieurs récidives (2). Si,
par exemple, les condamnations ont été séparées par un
grand intervalle de temps, s'il n'y a pas eu de similitude
dans les délits, si le dernier a été beaucoup moins grave
que le premier ou les précédents, si des circonstances
vraiment atténuantes l'ont caractérisé, comment dire que
les récidives, dans de telles conditions, dénonceront un
pervers contre lequel ne suffira plus la peine ordinaire et
dont la société n'aura plus qu'à se garer par la mesure
de sûreté de la transportation ? Le juge seul peut apprécier en matière de délit, si la récidive, selon les circons-

(1) Bonneville de Marsangy : *De la Récidive*, t. Iᵉʳ, préface, p. iij.
(2) V. *Journal officiel* du 26 juin 1883, p. 1445.

tances, doit entraîner une conséquence de cette gravité. La décision à cet égard doit donc nécessairement être facultative (1).

La controverse, on le voit, est des plus vives sur ce point. Mais il est des principes à l'égard desquels toutes les dissidences s'effacent et qui réunissent dans une commune et unanime approbation les esprits les plus divers même les plus opposés. C'est, d'un côté, celui qui proscrit toutes juridictions spéciales ou exceptionnelles pour laisser aux cours et aux tribunaux ordinaires une compétence exclusive en cette matière; c'est, d'autre part, l'énergique affirmation de cette règle tutélaire que les crimes et délits de droit commun, à l'exclusion des crimes et délits politiques, doivent seuls compter pour la transportation. « L'immoralité des délits politiques n'est, en » effet, ni aussi claire ni aussi immuable que celle des » crimes privés. Elle est sans cesse travestie ou obs- » curcie par les vicissitudes des choses humaines. Elle » varie selon les temps, les évènements, les droits et les » mérites du pouvoir. Elle chancelle à chaque instant » sous les coups de la force qui prétend la façonner selon » ses caprices et ses besoins. A peine trouverait-on » dans la sphère de la politique, quelqu'acte innocent ou » méritoire qui n'ait reçu en quelque coin du monde, ou » du temps, une incrimination légale... » A ces hautes pensées, formulées avec tant d'autorité par un publiciste éminent (2), qui fut un grand homme d'Etat, ne pourrait-on pas ajouter, qu'à la faveur de telles dispositions, un jour viendrait peut-être où, sur les bancs réservés aux repris de justice, s'assoieraient aussi des orateurs ou des

(1) M. Charles Floquet : Discours prononcé à la Chambre des Députés. V. *Journal officiel* du 26 juin 1883, p. 1445.
(2) Guizot.

écrivains dont le seul crime serait de n'avoir point fléchi
le genou devant l'idole du jour ou d'avoir flagellé justement d'un mépris vengeur les maximes et les pratiques de
leur temps ? On frémit sans doute à la seule pensée que,
sur la terre de France, il fut possible de rejeter loin de
la patrie, après les avoir entourés pour ainsi dire de
soupçons et de défiances, des hommes qui ne demandaient qu'à la servir ; et pourtant il en irait de la sorte,
si dans nos lois pénales il pouvait y avoir place pour la
transportation appliquée aux faits politiques, en d'autres
termes, pour une odieuse et inflexible proscription. Eh
bien, c'est ce danger qu'il faut éviter à tout prix ; et avec
un soin plus jaloux encore, s'il est possible, dans les pays
exposés aux brusques changements et sujets à de fréquentes révolutions. C'est là qu'il faut opposer de solides barrières aux tentatives du pouvoir, s'il se laissait entraîner
au-delà de ses besoins légitimes, au-delà de ses droits véritables, pour imposer à ses adversaires une odieuse domination ou pour satisfaire les exigences, souvent même les
rancunes de ses amis. C'est là que la loi doit, plus que
partout ailleurs, tracer, avec autant de sûreté que de précision, les prérogatives du gouvernement et les droits
des citoyens, prévoir et énumérer les cas où la pénalité
doit intervenir comme la sauvegarde de l'intérêt commun,
où elle doit aussi s'arrêter pour ne pas donner à l'arbitraire la sanction d'une apparente légalité. Ce n'est pas
chose toujours facile, il faut en convenir ; car, malgré
tout, la loi pénale, qui constitue l'une des parties du droit
public, est intimement liée, en ce qui concerne notamment ses droits et ses limites, à l'ordre politique lui-même.
Cela n'est pas douteux. Aussi, le plus grand bien pour un
pays c'est, au milieu de toutes les institutions qui passent,
d'avoir, de posséder plutôt une magistrature indépendante
au sein d'un gouvernement libre. Alors les coups de force

ne sont pas à redouter, les abus, d'où qu'ils viennent, sont hautement réprimés; et la justice qui, suivant l'expression de Rossi, ne doit être que la raison, appliquée dans sa plus grande pureté possible, aux faits contraires à l'intérêt général et par cela même illégitimes, reposant désormais sur ses bases véritables, peut accomplir sans obstacle sa grande et auguste mission.

Telles sont, en présence du grave problème de la récidive, devenue chaque jour plus menaçante, les solutions proposées d'une manière générale par les magistrats et par les publicistes. Elles consistent dans un double système : l'un, *préventif* et destiné, comme le mot l'indique, à mettre obstacle à la récidive en agissant sur la nature même et les tendances des condamnés, en les aidant surtout dans leurs efforts pour effacer un passé malheureux et se créer un avenir meilleur; l'autre, au contraire, essentiellement *répressif*, qui frappe résolûment d'une peine exemplaire le récidiviste incorrigible, c'est-à-dire rebelle à toutes les mesures organisées dans son intérêt pour procurer un adoucissement à ses maux et lui rendre la vie possible.

Faire rentrer en lui-même le condamné par l'application de l'emprisonnement cellulaire, et exciter en lui le désir d'améliorer son sort par le travail; le préparer de loin à une vie absolument libre, en lui accordant pendant la durée de sa détention une liberté provisoire et sagement mesurée; enfin, établir en sa faveur un patronage efficace qui lui procure, après sa libération, d'honnêtes moyens d'existence, voilà le résumé du premier.

Transporter au loin le récidiviste incorrigible, le séparer à tout jamais d'une patrie dont il est le fléau; après un nombre déterminé de condamnations, imposer au juge l'obligation de prononcer cette peine ou bien lui laisser encore, suivant les circonstances, la faculté de l'écarter de sa tête coupable; dans tous les cas, n'appliquer la transportation qu'aux crimes et aux délits de droit commun, à l'exclusion des crimes et délits politiques, et ne conférer jamais à des tribunaux d'exception la moindre compétence en ces graves matières, voilà le second système.

Il était nécessaire d'exposer l'un et l'autre avant d'étudier et d'analyser les documents officiels qui s'y rattachent et qui feront l'objet de nouvelles communications.

CHAPITRE II.

OPINION SUR LA RÉCIDIVE DES COURS D'APPEL ET DES CONSEILS GÉNÉRAUX, RECUEILLIE DANS L'ENQUÊTE PÉNITENTIAIRE ORDONNÉE PAR L'ASSEMBLÉE NATIONALE. — LOI DU 5 JUIN 1875 : SON ESPRIT, SON BUT ET SES RÉSULTATS.

Au milieu du mouvement des esprits agités par la question des récidivistes, les grands pouvoirs publics ne pouvaient ni rester inactifs, ni se montrer indifferents. Une enquête sur le régime de nos établissements pénitentiaires fut ordonnée par l'Assemblée nationale; et en vertu de sa résolution du 25 mars 1872, les Cours d'appel et les Conseils généraux furent invités par le gouvernement à proposer des solutions aux questions soumises à leur concours.

La situation fut présentée d'abord par les Cours d'appel avec une hauteur de vues et une telle précision dans l'exposé des faits, qu'il était impossible de résister à cette conviction douloureuse que l'état actuel des choses n'était plus tolérable et qu'il était urgent d'y remédier.

D'après les rapports transmis à la chancellerie, l'armée

des récidivistes se recrutait surtout parmi les vagabonds, les mendiants et les surveillés en rupture de ban ; et pourtant les peines, qui leur étaient infligées par les tribunaux, au lieu d'aller en augmentant, comme naturellement cela devrait être, allaient presque toujours en diminuant. C'est qu'en présence de délinquants incorrigibles et d'habitués de maisons d'arrêt, décidés pour rester fidèles à leurs habitudes invétérées d'oisiveté, à parcourir la France en tous sens et à se faire arrêter, suivant les saisons, dans telle région ou dans telle autre plutôt que de subvenir à leurs besoins en travaillant, la justice avait fini par se reconnaître impuissante et par s'avouer vaincue. Que pouvait-elle faire devant une résistance prête à braver ses arrêts ?

Le rapport de la Cour de Rennes citait comme ayant été jugé dans son ressort, un individu qui en était à sa quarante-huitième condamnation à l'emprisonnement ; celui de Dijon parle, de son côté, de prévenus condamnés plus de quarante fois, mais auxquels on ne pouvait reprocher aucun attentat contre les mœurs, les personnes et les propriétés ; et enfin le procureur de la République près le tribunal de la Seine faisait cette triste déclaration (1) : « On peut dire qu'il n'existe pas à Paris de répression » sérieuse à l'égard des vagabonds. Les magistrats, sa- » chant par expérience qu'un séjour de deux ou trois mois » dans une prison corrompt plus qu'il ne les corrige les » individus traduits devant eux pour vagabondage, ne » prononcent le plus souvent que des condamnations à » huit ou à quinze jours d'emprisonnement. A l'expira- » tion de leur peine, les condamnés sont mis en liberté » sans avoir appris aucun métier, sans même avoir été » débarrassés des impuretés de leurs vêtements sordides.

(1) *Enquête pénitentiaire*, tome V, p. 641.

» En cet état, ils ne cherchent pas à travailler ou ne trou-
» vent pas d'occupation, et sont presque fatalement re-
» pris par la police, ou se font arrêter d'eux-mêmes, sur-
» tout à l'approche de l'hiver, pour jouir de l'hospitalité
» de la prison où ils sont sûrs d'être chauffés et nourris. »

Voilà le mal. Mais où est le remède? L'unanimité des
Cours d'appel indiquait d'abord le patronage comme la
vraie solution de ce problème. En dehors de son action
bienfaisante, comment empêcher les égarés d'un jour de
devenir les malfaiteurs endurcis du lendemain? Comment
sauver les malheureux que l'abandon conduit tout droit à
la misère et que la misère ramène fatalement au crime?
L'expérience d'ailleurs est déjà faite et décisive. Chaque
fois qu'un comité de patronage a pris un libéré, il l'a
sauvé, il en a fait un homme. Autrement, disait énergiquement la Cour d'appel de Besançon, « c'est pour lui la
misère, le désespoir, la rupture de ban, le vol » (1).

On dénonçait aussi les graves abus de la surveillance
de la haute police. Des Cours en assez grand nombre es-
timaient que cette peine accessoire, plus dure bien souvent que la peine principale elle-même, était directement
contraire à l'action du patronage, parce qu'elle pousse au
mal par la misère qu'elle impose, et qu'en outre elle en-
gendre l'impossibilité du travail, cause permanente de
nouveaux délits. « La surveillance, ajoutait la Cour de
» Montpellier, n'a d'inconvénients que pour les libérés
» qui se sont amendés. Elle n'a jamais empêché le libéré
» dangereux de résider où il lui plaît..... » Il faut dire
pourtant qu'on ne rencontre pas, pour la suppression de
la surveillance de la haute police, la même unanimité qui

---

(1) Rapport à la commission d'enquête sur le régime des établissements pénitentiaires.

s'était hautement manifestée en faveur du patronage. Plusieurs Cours souveraines, et en tête la Cour de cassation, en demandaient le maintien avec toutes les améliorations et les atténuations que comportent la civilisation avancée et les mœurs plus douces de notre époque. La Cour de Riom, notamment, après avoir résumé les arguments invoqués de toute part pour ou contre la surveillance de la haute police, disait avec une grande autorité : « Plusieurs
» voix se sont élevées pour la condamner définitivement.
» On l'a nettement accusée d'être injuste, parce qu'elle
» s'appliquait indifféremment à tous les condamnés à des
» peines afflictives ou infamantes, qu'ils fussent pervertis
» ou simplement égarés, repentants ou endurcis. On a
» dit qu'elle l'était encore, parce qu'elle survivait à l'ex-
» piation et qu'elle suivait le condamné jusqu'à la tombe;
» qu'elle était inutile, parce qu'elle n'a jamais empêché
» aucun crime; et que, de plus, elle était dangereuse,
» parce qu'elle était parfois un obstacle au retour des
» condamnés au bien; qu'il fallait qu'elle allât rejoindre
» les peines surannées dont la société moderne a fait jus-
» tice, telles que la marque et l'exposition publique, etc. »
« On a répondu que la peine de la surveillance ne mé-
» ritait pas toutes les critiques dirigées contre elle ; qu'en
» effet elle rendait à la justice et à la société des services
» réels; que si, pour le condamné libéré, elle était une
» gêne et une peine, au contraire elle était pour la police
» un auxiliaire vraiment utile; que si elle n'empêchait
» pas de nouveaux crimes, elle mettait au moins sur leurs
» traces; que le moment n'était pas venu de désarmer;
» qu'on reconnaissait toutefois qu'il était injuste d'en
» faire, après l'expiation, la conséquence nécessaire et
» fatale de certains délits et de tous les crimes, et qu'elle
» pourrait être utilement modifiée en devenant à l'avenir
» une peine facultative laissée à l'appréciation des Cours

» et des tribunaux » (1). Il est facile de constater que ce langage a trouvé sa haute sanction dans une des dispositions principales de la loi du 23 janvier 1874, relative à la surveillance de la haute police.

En ce qui concerne la transportation des récidivistes, la généralité des Cours d'appel en admettait le principe, mais avec des tempéraments divers. Celle de Toulouse notamment déclarait, par l'organe de son rapporteur (2), que cette mesure remplacerait avantageusement la peine de la surveillance dont les abus étaient flagrants.

« Lorsqu'un malfaiteur, disait-elle, a, par des attentats
» fréquents, profondément troublé la tranquillité des ci-
» toyens, la société ne saurait sans abdication demeurer
» désarmée. Les intérêts confiés à la puissance publique
» sont d'un ordre trop élevé pour qu'elle les laisse péri-
» cliter dans ses mains. Mais, au lieu de parquer le con-
» damné sur un point du territoire et d'imprimer sur son
» front un stigmate si flétrissant qu'on le place parfois
» dans la triste alternative de mourir de faim ou de rede-
» venir criminel, n'est-il pas préférable que l'autorité ju-
» diciaire ordonne son expulsion du territoire français et
» lui impose un séjour forcé dans un de nos établisse-
» ments d'outre-mer? »

Voilà bien clairement indiquée comme nécessaire la mesure de la transportation. Seulement, au lieu de la vouloir perpétuelle, la Cour de Toulouse, se séparant ici de la doctrine acceptée en cette matière par la plupart des publicistes, ajoutait que sans doute la durée de la transportation devait être assez longue afin que le récidiviste pût réformer sérieusement sa conduite, mais que

(1) *Journal officiel*, année 1833, 24 juin, p. 1427.

(2) Rapport présenté à la Cour d'appel de Toulouse par M. le conseiller Amilhau, pages 105 et suiv.

l'espoir de son retour en France ne devait lui être jamais
arraché. Du reste, la Cour proclamait hautement que la
transportation ne devait jamais être laissée, comme mesure
de sûreté générale, à la discrétion du gouvernement et
que les tribunaux ordinaires devaient seuls pouvoir la
prononcer (1). C'est à cette même conclusion qu'aboutissait la doctrine émise à cet égard par toutes les autres
Cours de France.

Les conseils généraux furent loin d'être unanimes sur
cette grave question de la transportation des récidivistes.
Plusieurs se turent. Quelques-uns, comme ceux de Maine-
et-Loire, de la Lozère et de la Vienne, ne firent connaître
que leur indécision. « Ce serait une grande aggravation
» de peine, » disait notamment le conseil général de
Maine-et-Loire ; « mais, ajoutait-il, on pourrait cepen-
» dant l'appliquer. » Beaucoup, comme dans le Cher, la
Corrèze, la Gironde et les Hautes-Pyrénées, la repoussaient purement et simplement, parce qu'elle n'était pas
en rapport avec la faute commise. « Pas de transporta-
» tion, s'écriait le conseil général de la Vendée, la clé-
» mence est parfois plus forte que la sévérité de la loi. »
D'autres, comme dans les Côtes-du-Nord, dans Saône-
et-Loire, dans Seine-et-Oise, ne la repoussaient que
par des considérations financières. « La transportation
» des vagabonds de profession, des mendiants récidi-
» vistes et incorrigibles, serait évidemment, dit le conseil
» général des Côtes-du-Nord, un grand bienfait pour les
» contrées qui seraient purgées de ces individus ; mais
» le gouvernement peut seul apprécier si cet avantage
» ne serait pas inférieur aux frais et charges qu'il occa-
» sionnerait. » Toutefois, le plus grand nombre des
conseil généraux, parmi ceux qui formulèrent leur avis,

(1) V. *Ibid.*

admettaient la transportation comme un bienfait et une institution salutaire. Presque tous émettaient brièvement leur opinion sur ce point. Le conseil général de la Dordogne et celui de la Haute-Saône se contentèrent de dire que le vagabondage est dangereux et toujours accompagné de mendicité, d'où la conséquence forcée que la transportation des mendiants récidivistes et des vagabonds valides serait une bonne mesure. « Il faut trans- » porter les mendiants récidivistes, » disait-on dans la Charente-Inférieure. *Sic volo, sic jubeo, sic pro ratione voluntas.* Dans l'Ile-et-Vilaine, la transportation était trouvée utile, dans le Jura tout à fait efficace, dans le Doubs excellente. Enfin, elle était considérée dans les Alpes-Maritimes comme un moyen de moralisation et de sécurité pour la société. Le Gers et la Haute-Loire n'entendaient pourtant l'appliquer qu'aux grands criminels et comme mesure extrême. La Manche et la Savoie aux vagabonds reconnus incorrigibles. Dans l'Ain, la Loire, le Nord et dans d'autres départements encore, on ne consentait à la transportation qu'après la troisième condamnation. Seul, le conseil général de l'Aube fait une théorie complète de cette peine appliquée aux mendiants. Il part de ce fait qu'il y a de très grandes difficultés pour l'organisation dans les dépôts du travail de gens qui mendient par paresse et ne veulent subir aucun frein à leur fainéantise et à leur vagabondage. Il en conclut qu'il faut les transporter. « Quel scrupule, dit-il, pourrait arrêter » le législateur? Opposera-t-on le respect de la liberté » individuelle? Mais cette liberté est limitée par celle » d'autrui; la société a le droit de se protéger contre » ces mendiants et vagabonds incorrigibles qui, trop » souvent ne sont que des malfaiteurs au service des » plus mauvaises causes. Dira-t-on que le mendiant, » qu'on veut transporter, a une femme et des enfants?

» Il ne leur est d'aucune utilité, puisqu'il ne travaille pas.
» Souvent les magistrats, découragés d'avoir presque
» toujours à condamner les mêmes mendiants, finissent
» par les renvoyer sans nouvelle condamnation. C'est
» plus qu'un droit, c'est un devoir de transporter des
» gens qui sont une cause permanente de troubles. En
» même temps qu'on assurera la tranquillité intérieure
» de la France, on développera ses possessions loin-
» taines. On supprimera la surveillance qui laisse les
» mendiants dans la société. Mais comme la transporta-
» tion équivaudrait à la mort pour les mendiants âgés,
» on pourrait assimiler aux mendiants invalides ceux qui
» auraient plus de soixante ans, et les conserver en
» France... »

Ce sentiment se trouve en partie reproduit, si non avec
toute son originalité, du moins en principe, dans la délibération du conseil général du Calvados. « La trans-
» portation, dit-il, déjà édictée par la loi du 24 vendé-
» miaire an II, est une grave, une extrême mesure dont
» on ne doit user qu'en cas d'impérieuse nécessité. On
» répugne à l'idée d'arracher un citoyen à son foyer, à
» sa patrie; mais son effet s'atténue singulièrement
» quand on l'applique aux mendiants. Ecrite de nouveau
» dans nos lois, elle aura sûrement un effet préventif sur
» les individus susceptibles d'en comprendre la rigueur.
» Quant aux autres, aux vagabonds incorrigibles, ils
» n'ont pas le sentiment du foyer ni de la patrie. La
» transportation leur sera peu sensible et pourra leur être
» utile. En tout cas, elle contribuera sûrement à guérir
» la société d'une de ses plaies les plus profondes... »

Au milieu de ces opinions diverses, presque toujours
exprimées d'une manière impérative, comme ferait le
législateur lui-même « Lex imperat, » plutôt que savamment exposées, deux conseils généraux, ceux de la Haute-

Vienne et de Vaucluse, indiquent peut-être la vraie solution du problème en quelques mots rapides mais décisisifs. « Il faut d'abord, » disent-ils, en des termes uniformes qu'on dirait sortis de la même plume, « il faut » que la société remplisse ses devoirs en organisant un » bon système pénitentiaire ; ces devoirs accomplis, la » transportation s'impose (1). » Organiser un bon système pénitentiaire, telle est, en résumé, la pensée qui se dégage de tous ces documents divers ; et c'est à cette conclusion principale qu'aboutissait, en définitive, le grand et beau travail dans lequel M. d'Haussonville avait patiemment et savamment concentré les résultats de l'enquête parlementaire.

L'Assemblée, toutefois, ne pouvait, au milieu d'autres et graves préoccupations, se livrer à l'étude approfondie de tous les problèmes soulevés par l'habile rapporteur. Aussi deux de ses membres parmi les plus autorisés voulaient-ils qu'on renvoyât à des temps meilleurs la réalisation des réformes proposées. « Il y a eu, disait M. Jules » Favre, de beaux discours prononcés à cette tribune » qui ont jeté sur la question une utile clarté..... Mais » quant aux résultats pratiques vous n'en obtiendrez » aucun, et l'Assemblée ne doit pas voter, sous le nom » de *réforme pénitentiaire*, une généreuse et brillante » inanité (2). » On répondit à l'éminent orateur qu'il ne fallait pas renoncer à faire le bien possible parce qu'on se trouvait dans l'impuissance actuelle de réaliser tout le bien désirable. D'ailleurs, la situation révélée par les

---

(1) V. dans le *Bulletin de la Société générale des prisons*, n° 3, mars 1878, à la p. 265 et suivantes, un article de M. Victor Bournat intitulé : La Récidive en France.

(2) *Collection complète des Lois*, par Duvergier, année 1875, p. 208.

statistiques, ne permettait plus les ajournements et les renvois indéfinis (1). Le mouvement progressif de la criminalité, l'augmentation effrayante du nombre des récidives constituaient des faits indéniables qui se dégageaient avec éclat de l'ensemble des travaux accomplis sur cette matière et il devenait urgent d'en conjurer le danger. Or, ajoutait-on, en reproduisant les termes mêmes dont s'était servie la Cour de cassation dans ses observations de janvier 1873, si la récidive fait surtout l'augmentation de la criminalité, c'est la prison qui fait la récidive. L'Assemblée fut touchée de ces raisons, hélas trop décisives; mais, en se prononçant pour l'application de réformes immédiates, elle dut se borner à celle des prisons départementales en appliquant aux détenus, dans une certaine mesure, l'emprisonnement individuel. Telle fut la pensée qui dicta la loi du 16 juin 1875, dont il convient maintenant d'apprécier l'économie et d'étudier les dispositions.

Avant tout, constatons que ce titre : *Loi sur le régime des prisons départementales*, n'a rien de juridique. Il n'est ni pénitentiaire ni légal. D'une part, il ne correspond point à une pensée et à une distinction théorique; et, d'un autre côté, les codes criminels ne reconnaissent point l'existence de prisons départementales. Ils parlent, en effet, de maisons d'*arrêt* où sont incarcérés les prévenus, de maisons de *justice* où sont renfermés les accusés placés sous le coup d'un arrêt de renvoi devant la cour d'assises; enfin, de maisons de *correction* où sont détenus les condamnés à des peines correctionnelles. L'expression de *prisons departementales* ne se rapporte donc qu'à une

(1) En 1872, le nombre total des crimes et délits jugés en France était de 26.000 par année. En 1882, il a dépassé 84,000. En dix ans il a beaucoup plus que triplé.

4

agrégation de fait. Peut-être le législateur s'en est-il servi
parce que le fait l'emporte toujours sur la théorie, et qu'il
n'était pas possible de parler séparément des maisons
d'arrêt, de justice et de correction, puisque, la plupart
du temps, cette séparation n'existe pas; d'où l'on doit
conclure qu'il a voulu présenter ce qui est, et non point
exposer ce qui devrait être.

Quoi qu'il en soit, sur ce point, l'Assemblée nationale,
s'inspirant des documents recueillis par la commission
parlementaire qui n'avait négligé ni les rapports fournis
par les chefs d'administration, ni les écrits des publicistes, ni l'opinion des jurisconsultes, et après une discussion remarquable, où furent tour à tour attaqués et
défendus avec conviction, et souvent avec éloquence, les
deux systèmes opposés de l'emprisonnement en commun
et de la séparation individuelle, se prononça pour le dernier, tranchant de la sorte, définitivement, la longue controverse qui s'était élevée dans les deux mondes à propos de cette question d'un si grave et d'un si puissant
intérêt.

Les Cours d'appel, qui avaient été consultées spécialement à cet égard, s'étaient prononcées, en général, pour
le régime individuel ou cellulaire comme étant seul susceptible de réaliser la réforme pénitentiaire. A la vérité,
quelques-unes d'entre elles, Rennes, Amiens, Nancy, Aix
et Bordeaux, donnaient la préférence au système d'*Auburn*,
autrement dit au régime du travail en commun avec
obligation du silence pendant le jour et séparation absolue pendant la nuit. D'autres, comme Besançon, Caen,
Angers, Riom, Lyon, voulaient qu'on bornât l'application
du régime individuel aux peines correctionnelles de
courte durée; mais la majorité de ces grands corps judiciaires, comme les cours d'Agen, Dijon, Chambéry, Grenoble, Douai, Orléans, Bourges, Nîmes, Pau, Poitiers,

Paris, Toulouse, conseillaient le régime cellulaire pur et simple, même pour la durée entière de la peine.

A l'étranger, si l'Angleterre croyait suffisant d'empêcher la communication entre détenus et ne craignait pas de les réunir chaque jour dans le préau, et le dimanche à la chapelle, en prenant de grandes précautions pour empêcher les rapprochements et les entretiens, au contraire, la Belgique, la Hollande, la Suède et généralement tous les Etats ralliés au régime de la séparation individuelle, ne jugeaient pas moins nécessaire d'interdire les moindres contacts et jusqu'à la possibilité pour les détenus de s'apercevoir entre eux.

Ce système fut adopté successivement par la commission aussi bien que par l'Assemblée nationale, et la loi le consacra virtuellement, quoiqu'il ne soit pas écrit précisément en tête de ses dispositions.

Il devait en être ainsi. L'insuffisance, au point de vue moral, de l'emprisonnement en commun, que malheureusement on pourrait appeler le régime officiel en France, puisqu'il y est encore pratiqué généralement, est un fait manifeste pour quiconque a pu visiter nos maisons pénitentiaires. La surveillance la plus active, les plans les mieux combinés, la discipline la plus sévère, tout cela n'aboutit pas toujours à la répression des abus, ni même à prévenir les désordres. Sous les yeux de gardiens attentifs, on a vu se produire de véritables scandales, s'échanger, par exemple, d'impures correspondances; et, dans les préaux où ils se trouvent réunis, le regard, l'attitude, un geste en apparence inoffensif, mais dont la signification est comprise sans effort par les initiés, sont autant de moyens dont se servent les détenus pour déjouer les précautions les plus minutieuses, et propager impunément le vice et la corruption dont ils se sont faits les agents.

On peut le dire désormais : l'emprisonnement en commun est jugé par ses funestes résultats. Non seulement il
ne corrige pas ceux auxquels il est appliqué, puisqu'il les
corrompt au contraire par le contact avec une population
déjà dépravée, mais il ne leur inspire aucune crainte salutaire, pas plus qu'il n'exerce sur eux la moindre intimidation.

Reste donc l'emprisonnement individuel auquel il faut
se rattacher. Lui seul est capable d'arrêter le progrès du
mal. Ce n'est pas qu'il n'ait rencontré de tout temps de
hauts et puissants contradicteurs. « Partout, lisait-on déjà
» dans l'*Essai sur les mœurs* (1), partout l'instinct de
» l'espèce humaine l'entraîne à la société comme à la
» liberté. C'est ce qui fait que la prison sans aucun com-
» merce avec les hommes est un supplice inventé par les
» tyrans, supplice qu'un sauvage pourrait moins supporter
» encore que l'homme civilisé. »

Lorsque Voltaire fulminait ainsi de telles accusations, il
entendait les diriger évidemment contre le régime cellulaire absolu, celui contre lequel se sont élevés après lui
d'éminents publicistes. Mais dans la pensée du législateur
de 1875, il a été bien entendu, comme cela résulte de la
discussion, que si toutes relations devaient être rigoureusement interdites entre détenus, elles devaient, au contraire, autant que possible, être multipliées et facilitées
avec les personnes qui n'avaient, en visitant la cellule,
d'autre pensée que d'y apporter de bons conseils et d'in-
times consolations ; qu'elle devait être ouverte largement
à l'aumônier, aux membres des commissions de surveillance et des sociétés de patronage, à l'instituteur, au mé-
decin, aux gardiens, et que les visites des parents de moralité connue ne devaient rencontrer aucun obstacle. Et

(1) Notes : chapitre CXLVI.

puis le travail, recommandé surtout dans ce système, n'est-il pas, après tout, le grand instrument de moralisation? Soit qu'on attende, comme en Belgique, que le détenu le réclame pour lui en faire mieux sentir le prix, soit qu'on le lui offre dès le principe, à titre de distraction s'il est prévenu, d'obligation s'il est condamné, le travail deviendra bientôt pour lui sa ressource et son salut. « Rendez un homme laborieux, disait Hward, vous le rendrez honnête. » Ainsi réglée, la séparation individuelle réunit au plus haut degré les trois conditions essentielles d'une bonne répression : le *châtiment*, l'*intimidation*, l'*amendement*. Voilà pourquoi le législateur l'adopte, pourquoi les esprits sérieux l'approuvent; et toutes les malédictions des philanthropes ne prévaudront point contre cet immense assentiment qui tend à devenir unanime.

Ce principe une fois admis, voici quelle en a été l'application.

La loi d'abord y a soumis les inculpés, les prévenus et les accusés; et pour bien marquer qu'elle entendait les placer dans une situation exclusive de toute idée pénale, elle a formellement indiqué qu'ils seraient, non pas emprisonnés, mais séparés individuellement. Au contraire, l'emprisonnement individuel est, en termes exprès, réservé spécialement aux condamnés correctionnels à un an et un jour et au-dessous. Puis, la cellule étant considérée comme un bienfait, il parut juste de l'accorder à celui qui en reconnaît le prix et qui en réclame la faveur. C'est pourquoi, par une seconde résolution, il fut statué que les condamnés à plus d'un an et un jour pourraient, sur leur demande, subir leur peine dans la prison départementale transformée.

Cependant, malgré la supériorité morale du régime cellulaire, on ne pouvait pas contester qu'il ne fût en réalité plus sévère que l'emprisonnement en commun; c'est même

ce qui le caractérise et en fait le mérite et la vertu. Aussi,
fut-il écrit pour ce motif, dans l'article 4 de la loi, que la
durée des peines subies sous le régime de l'emprisonne-
mentin dividuel, serait réduite d'un quart. Seulement, pour
ne pas énerver outre mesure la répression des délits, il
fut édicté dans ce même article que la réduction ne s'opé-
rerait pas sur les peines de trois mois et au-dessous. Par
voie de conséquence, il fut décidé que l'isolement volontaire ne donnerait droit à la réduction pour les condamnés
à plus d'un an et un jour, qu'après un séjour de même
durée c'est-à-dire de trois mois consécutifs dans la cellule.

Tels sont, exactement résumés, les principes consacrés
par la loi du 16 juin 1875 et ses dispositions essentielles.
Quant au régime intérieur des maisons destinées à l'application de l'emprisonnement individuel et aux conditions
d'organisation du travail, tout cela devait être fixé dans
un règlement d'administration publique. C'est le mode
admis et avec raison pour la mise en pratique des règles
particulières et des détails nombreux que comporte une
loi principale qui ne pourrait ni les énumérer ni les régir
elle-même dans son texte, sans méconnaître sa haute et
véritable mission.

Enfin, par une innovation des plus heureuses qui a déjà
porté de bons fruits, il fut institué près du ministère de
l'intérieur, pour veiller de concert avec lui à l'exécution
des prescriptions nouvelles, un conseil supérieur des prisons pris parmi les hommes s'étant notoirement occupés
des questions pénitentiaires.

Sur tout cela l'accord était facile; car, l'emprisonnement individuel une fois admis, le reste découlait de ce
point culminant comme d'une source naturelle qui ne
pouvait rencontrer d'obstacles dans son cours.

Mais les divergences éclatèrent nombreuses et animées.

quand s'éleva l'inévitable question des voies et moyens. Qui serait chargé de la reconstruction ou de l'appropriation des maisons cellulaires? Seraient-ce les départements? serait-ce l'Etat?

On sait que Napoléon Ier, à la veille d'entreprendre la désastreuse campagne de Russie, préoccupé de s'assurer des ressources financières en diminuant les charges du budget de l'Etat, rendit, à la date du 9 avril 1811, un décret transférant aux départements la propriété des édifices et bâtiments nationaux occupés pour le service de l'administration des cours et tribunaux et de l'assistance publique. En vertu de ce décret, le budget départemental devait, non seulement subvenir à l'entretien des bâtiments, mais aussi aux dépenses des prisonniers. En 1855, on reconnut que cette dernière obligation excédait les ressources départementales; aussi, l'article 13 de la loi des finances de cette année mit-il à la charge du budget de l'Etat les dépenses ordinaires des prisons et les frais de transport des détenus vagabonds et des forçats libérés. Mais ce même article ajouta : « Les grosses réparations et » l'entretien des bâtiments continueront à être compris » parmi les dépenses de la première section des budgets » départementaux. » C'était évidemment consacrer à nouveau le droit de propriété des départements sur les maisons pénitentiaires, c'est-à-dire sur les prisons.

Or, disaient les adversaires de la loi nouvelle, si le département est propriétaire des prisons, de quel droit l'Etat viendrait-il s'immiscer dans leur construction ou leur appropriation? Pourquoi surtout prétendrait-il disposer en maître de bâtiments qui ne lui appartiennent point, et imposer en quelque sorte chez autrui ses lois et sa volonté? Frappée de ces considérations d'une portée indéniable, la commission avait admis que si le département ne pouvait pas ou ne voulait pas approprier sa prison conformément au nouveau système, l'Etat s'en emparerait, moyennant indemnité, pour la construire selon ses vues. Cette disposition, qui réunissait le triple mérite d'être à la fois simple, logique et légale, se trouvait formulée dans le projet de la manière suivante : « Le département peut s'exonérer » de tout ou partie de la contribution mise à sa charge » au moyen de la rétrocession à l'Etat de la propriété des » prisons départementales. » Pourtant, elle ne fut pas maintenue ; et aux vives attaques que suscita l'abandon inattendu d'une règle dont tout le monde reconnaît la justice, voici ce qu'il fut répondu par le sous-secrétaire d'Etat de l'intérieur :

« Il est vrai qu'il y a eu un changement de rédaction » qui a affecté le fond même du projet de loi primitif ; » mais quand on se trouve en présence d'une grande et » coûteuse réforme, deux partis sont à prendre : ou bien » entreprendre d'un seul coup tous les travaux, décider, » par exemple, que toutes les maisons départementales » redeviendront la propriété de l'Etat, lequel devra les » approprier suivant les prescriptions de la loi nouvelle ; » ou bien décider que la réforme se réalisera d'une ma- » nière plus modeste, c'est-à-dire au fur et à mesure » qu'on en aura les moyens ou que l'occasion s'en pré- » sentera. Pourquoi n'a-t-on pas suivi le premier parti, » comme on en avait eu d'abord l'intention ? Par une » raison bien simple. Si la commission avait demandé » immédiatement, 60, 80 ou 100 millions, il est évident » que, dans l'état actuel de nos finances, le ministre » n'aurait pas pu soutenir le projet de loi ; et que, s'il » l'eût osé, l'Assemblée aurait refusé d'accorder une al- » location aussi considérable. Voilà pourquoi on a » changé le premier projet de loi. La commission aurait » voulu d'abord proposer de faire une dépense considé- » rable ; mais elle s'est arrêtée devant une impossibilité.

» Elle a compris qu'un obstacle infranchissable se dres-
» sait devant elle. Limitant alors son ambition, elle est
» venue dire à l'Assemblée : Nous renonçons à ce grand
» projet d'ensemble, nous renonçons à transformer rapi-
» dement toutes les maisons départementales. Nous nous
» fions au cours du temps, aux moyens ou aux occasions
» favorables qu'il nous apportera nécessairement. Voilà
» à quels termes modestes se réduit le projet de la com-
» mission (1). »

En conséquence, au projet primitif furent substitués
sur ce point les dispositions des articles 6 et 7, dont l'un
déclare qu'à l'avenir la reconstitution ou appropriation
des prisons départementales n'aura lieu qu'en vue de
l'application du régime de la séparation individuelle et
que les travaux seront exécutés sous le contrôle du Ministre de l'intérieur, après approbation préalable de sa
part, des projets des plans et des devis. Quant à l'article 7, il consacre le principe des subventions facultatives
par l'Etat pour venir en aide aux départements, en tenant
compte pour leur fixation de l'étendue des sacrifices pré-
cédemment faits pour leurs prisons, de la situation de
leurs finances et du produit du centime départemental (2).

Ainsi se trouvait définitivement reconnue la propriété
des départements sur les maisons pénitentiaires. Seulement, cette propriété d'un caractère tout spécial se
trouve grevée d'un service public. Le département n'est
pas maître d'en disposer à son gré pour un autre usage ;
et l'Etat, qui peut au contraire imposer à la propriété

---

(1) Assemblée nationale. Séance du 4 juin 1875 *Journal officiel*
du 5, p. 4007 et 4010.

(2) V. art. 7 de la loi du 16 juin 1875.

départementale cette charge onéreuse, a seul la faculté
de régler la manière dont elle sera remplie.

Ce système moyen et en quelque sorte *sui generis*, qui
tout en écartant le retour à l'Etat de la propriété des
prisons ne confère à cet égard aux départements qu'un
droit amoindri par des restrictions importantes, n'a trouvé
que de rares défenseurs. Pouvait-il en être autrement ?
En résumé, quel en est le résultat au point de vue théorique ou scientifique ? D'abord, il établit un antagonisme
évident entre l'Etat directeur du service des prisons, et
le département propriétaire des bâtiments qu'elles occu-
pent. Aussi, le droit d'administration du premier est-il le
plus souvent paralysé par l'indifférence au moins, si ce
n'est par la résistance invincible du second. D'un autre
côté, ce système entraîne forcément l'inégalité des peines.
La diversité dans l'aménagement des locaux, leur distri-
bution, le bon ou mauvais état d'entretien, établissent
nécessairement des différences notables dans les conditions de l'emprisonnement. Dans tel département, un prévenu n'est pas traité de la même manière que dans tel
autre. Certaines prisons sont, dans le monde des malfaiteurs, préférables à d'autres ; et il n'est pas rare de voir
des repris de justice se préoccuper d'exercer leurs mauvaises pratiques dans les lieux où le régime des prisons
est réputé le meilleur. Enfin, ce système conduit au défaut
d'unité dans l'administration matérielle. L'Etat, il est vrai,
applique dans les prisons des règles uniformes en ce qui
concerne l'hygiène des individus. Mais l'hygiène des bâtiments, leur conservation, leur amélioration, tant au
point de vue des dépenses d'entretien que des grosses réparations, reste livrée à l'administration départementale ;
et les conseils généraux, soit par insuffisance de ressources, soit qu'ils préfèrent doter plus largement d'autres
services à leurs yeux plus utiles, sont en général, quand

il s'agit de leurs prisons, très sobres d'allocations de fonds et peu disposés à les grossir même au cas de nécessité.

De cette appréciation rigoureuse peut-être, mais non point fantaisiste, il est juste d'excepter un département voisin qui, dans la période écoulée de 1857 à 1865, fit pour ses prisons, avec une munificence rebelle à d'étroits calculs, des sacrifices dont il est douteux qu'il recueille jamais les fruits.

A cette époque les prisons de l'Ariège étaient placées aux tours de Foix dont elles occupaient toutes les dépendances; et il faut convenir qu'elles y étaient admirablement installées, tant au point de vue de la salubrité, qu'eu égard à la portée morale d'un tel établissement. Sur ce roc fameux, qui défia longtemps les efforts des plus grands seigneurs féodaux pour le réduire, et les attaques même des rois, les prisonniers respiraient un air salubre et pur. Le sol toujours sec, même au temps des pluies, leur permettait de séjourner sans danger dans des préaux à l'abri de l'humidité malsaine. Même pour certains d'entre eux la vue pouvait s'étendre au loin sur des paysages d'une magnificence incomparable. Des trois tours qui forment, dans un admirable ensemble, comme une place de guerre pour la protection et la défense du château, la plus remarquable, par sa forme circulaire comme par ses belles proportions et par sa position hardie sur le rocher qu'elle domine, appelée la Tour ronde, était destinée aux accusés. Quand venaient les grands jours des assises, on les voyait se rendre lentement, escortés par la gendarmerie, vers la salle où allaient s'asseoir pour les juger, des hommes appelés à exercer temporairement une redoutable magistrature. Après des débats solennels, une foule avide d'émotions les suivait d'un regard tour à tour sympathique ou défiant quand ils gravissaient péniblement l'étroit chemin qui conduisait à la triste demeure ; mais c'est surtout à l'heure de la suprême expiation que le spectacle devenait grandiose et de nature à laisser dans les esprits de salutaires émotions et d'impérissables souvenirs. Au moment fixé par la justice humaine, le condamné descendait de la Tour ronde à la vue d'innombrables spectateurs et s'acheminait vers le lieu du supplice pendant que les cloches de la cité sonnaient le glas pour inviter à la prière. Tous ceux qui étaient présents n'en devenaient pas meilleurs, sans doute ; mais tous étaient frappés ; et plus d'une fois peut-être des hommes, égarés mais non encore coupables, s'arrêtèrent à cet instant sur la pente du crime où ils allaient se précipiter. Aussi, quand se répandait dans le pays la nouvelle d'un attentat commis dans des circonstances plus ou moins odieuses, on entendait partout sur les montagnes, comme dans la profondeur des vallées, les habitants effrayés s'écrier dans leur langage, en parlant de l'auteur : *Aquel s'en en ira à la tour dé Fouch.* Celui-là s'en ira prisonnier à la tour de Foix. Ce sentiment pouvait n'être pas élevé ; mais assurément il était salutaire.

Cependant, vers 1857, il plut à un préfet de changer tout cela. Aux anciennes prisons, qu'il jugeait insuffisantes, il prétendit substituer un établissement monumental pour une population qui ne s'élevait pas en moyenne au-delà de *dix-huit* détenus. Ce projet, malgré ses proportions exagérées, fut accepté sans contrôle par un conseil général entraîné sinon convaincu. Un vaste emplacement fut acheté, des emprunts furent contractés, des centimes furent votés ; et d'année en année, jusqu'en 1865 inclusivement, les allocations succèdant aux allocations, il se trouva qu'en fin de compte le département avait dépensé près de *trois-cent mille francs* pour cet unique service...

Un jour, en traversant une place de Foix, je remarquai, fixé sur un chariot, un tonneau d'assez grande capacité. L'équipage, traîné par la plus modeste monture et conduit à pas lents, se dirigeait vers la fontaine qui fait le plus bel ornement du Mercadal (c'est le nom de cette place). Arrivé sur ce point, le conducteur arrêta sa bête et se mit en devoir de remplir le foudre qu'il avait disposé pour cette besogne. L'eau qu'il recueillait ainsi péniblement était destinée aux nouvelles prisons. En élevant à grands frais cette maison pénitentiaire, on n'avait négligé qu'un seul article, il est vrai de première nécessité, celui qui devait procurer aux détenus au moins de l'eau pour étancher leur soif (1). En revanche, l'humidité suinte de toute part à travers les dalles des corridors sombres ; et il n'est pas de président d'assises qui n'ait pu constater ce fait regrettable dans sa visite règlementaire et le signaler dans ses rapports.

De tout cela, n'est-il pas permis de conclure qu'à l'Etat devrait appartenir exclusivement la propriété des prisons ? Lui seul peut imprimer partout une impulsion uniforme, et, dans les situations délicates, prendre sans défaillance des résolutions que ne saurait ébranler le zèle parfois intempestif de ses agents. S'il en eût été de la sorte, les contribuables de l'Ariège n'auraient pas, durant huit longs exercices, subi le poids d'impôts écrasants dont le produit était destiné fatalement à solder le prix de constructions inutiles. Alors aussi les anciens bâtiments, sagement appropriés et mis en harmonie avec des exi-

(1) L'entrepreneur, chargé du service des fournitures pénitentiaires, trouvant trop coûteux et trop pénible d'aller au loin chercher l'eau nécessaire aux détenus, a fait creuser un puits où il a pu, non sans efforts, installer une pompe ; le tout à ses frais. Voilà comment l'état des choses s'est amélioré.

gences et des besoins nouveaux, auraient conservé leur destination primitive et la Tour ronde apparaîtrait encore aux imaginations rassurées comme la sentinelle avancée placée par la justice elle-même pour veiller à la garde des foyers et protéger contre toute atteinte la sécurité des personnes.

« Trojaque nunc stares, Priamique Arx alta, maneres !... »

Au point de vue pratique, si la loi du 5 juin 1875 n'a pas rallié de vives adhésions, en revanche, elle a rencontré presque partout des oppositions et des obstacles.

Un haut fonctionnaire visitant, en 1878, une prison d'un des départements du Nord, fut consulté par la commission de surveillance sur le point de savoir à quelle époque les prisons départementales pourraient être transformées. « La loi de 1875, répondit-il, est une loi mau- » vaise qui fut arrachée à l'Assemblée nationale dans un » moment de surprise. Les pouvoirs actuels n'en veulent » plus. Elle ne tardera pas à être rapportée (1). »

Sans partager en aucune façon ni cette opinion pessimiste, ni ces espérances malveillantes et peu dissimulées, il est néanmoins permis d'affirmer qu'il surgira toujours, à l'encontre de la mise à exécution de cette loi, des difficultés presque insurmontables aussi longtemps que l'action du pouvoir central demeurera subordonnée, en ce point, à celle des conseils généraux qui seuls, en l'état présent des choses, peuvent transformer les maisons départementales et disposer en grande partie des crédits nécessaires pour cette coûteuse opération. Ce qu'il y a de

(1) *Bulletin de la Société générale des prisons*, n° 9, décembre 1878, pp. 1001 et 1002.

certain au moins, c'est que la réforme inaugurée par
la loi de 1875 marche avec une lenteur désespérante
tandis que l'augmentation croissante de la criminalité
tend de plus en plus à démontrer son urgente application.

Nous apprécierons dans une prochaine lecture les
moyens proposés par M. le sénateur Bérenger pour remédier à une telle situation. Cette proposition, accueillie
par le Sénat, est tout à fait indépendante du projet de
loi sur la transportation des récidivistes qui naguère a
subi, dans la haute Assemblée, l'épreuve de la seconde
lecture (1).

CHAPITRE III.

DU RÉGIME DES PRISONS. — DE LA LIBÉRATION CONDITIONNELLE. — DU PATRONAGE ET DE LA RÉHABILITATION CONSIDÉRÉS COMME MOYENS PRÉVENTIFS DE COMBATTRE LA RÉCIDIVE.

La loi du 5 juin 1875 avait introduit dans notre système pénitentiaire un grand principe que la science n'a
cessé de proposer et que toutes les nations ont successivement adopté : celui de l'emprisonnement individuel. Il
était temps, en effet, de mettre un terme aux abus tant de
fois dénoncés de l'exécution des peines en commun. Bien
loin de laisser au condamné, qui pour la première fois en
subit l'épreuve, une impression de honte et d'effroi, seule
capable de le retenir sur la pente où il s'est une première
fois engagé, ce régime officiellement abandonné, mais
demeurant encore debout malgré la réprobation qu'il ex-
cite, ne lui laisse après tout que le souvenir d'un milieu
dépravé, trop souvent conforme à ses propres instincts et
à ses goûts, où sous le toit hospitalier de l'Etat, il trouvait

(1) A la séance du 12 mai 1885, la Chambre des Députés a, sans modification, adopté le projet Bérenger, tel qu'il avait été voté par le Sénat.

à satisfaire presque tous ses besoins, en sorte que la prison, qui devrait l'intimider et l'amender, le rend le plus souvent à la société, non seulement moins honteux de sa faute, mais plus audacieux et pire, en un mot, qu'auparavant.

Il y avait donc urgence, le mal une fois démontré, d'y apporter un remède efficace. Tel fut l'objet de la loi réparatrice du 5 juin 1875. Malheureusement, le législateur sembla reculer, pour ainsi dire, devant son œuvre ; et après avoir posé la règle, il n'eut pas l'énergie nécessaire pour en imposer l'application. Aussi cette loi, demeurée en général inexécutée, rappelle-t-elle involontairement à l'esprit cette cité nouvelle dont les constructions, interrompues par une fatalité singulière, présentaient le triste spectacle de murailles en ruines et de travaux inachevés... *Pendent opera interrupta minæque murorum ingentes* (1).

En présence d'une telle situation, un sénateur qui a fait de l'étude des problèmes pénitentiaires l'honneur et l'occupation principale de sa vie (2), prit l'initiative d'une proposition de loi dans le but de prévenir et de combattre la récidive. A la lecture attentive des motifs présentés à l'appui de ce projet, il est facile de voir que le but immédiat poursuivi par l'auteur a été moins de combler les lacunes regrettables de notre système pénal, que d'éloigner le vote définitif de la loi sur la transportation des récidivistes. A ses yeux, les mesures qu'il propose, simples, pratiques et déjà sanctionnées par une expérience décisive à l'étranger, sont moins aventureuses, moins coûteuses, plus en harmonie avec l'ensemble de nos lois pénales et d'un succès moins douteux que les moyens ré-

(1) Virgile, *Enéide*, liv. IV.
(2) M. Bérenger.

pressifs *dont on s'engoue*, suivant les propres expressions de l'honorable sénateur (1).

Quoi qu'il en soit, le premier objet de la proposition est de rechercher et d'indiquer les modifications à introduire dans la loi du 5 juin 1875, afin que l'emprisonnement individuel, qu'elle a voulu faire prévaloir sur tout autre régime, ne reste pas à l'état de lettre morte et soit, au contaire, partout et promptement inauguré.

Mais isoler le condamné des éléments corrupteurs que renferme l'emprisonnement en commun dans le but d'arrêter la marche de sa perversité, ne suffit pas. Il faut encore chercher et obtenir son perfectionnement moral en l'y intéressant lui-même ; et, quand s'ouvriront pour lui les portes de la prison, ne pas le laisser affronter sans appui les périls de toute sorte qui vont entourer ses premiers pas. Autrement, la correction sera tout-à-fait inutile et la résistance aux tentations nouvelles absolument impossible. Réaliser cette double pensée, tel est l'objet de la proposition ; c'est aussi ce qui justifie les efforts redoublés de l'auteur pour en assurer le succès. Empruntant particulièrement à l'Angleterre des mesures d'ordre intérieur, capables de stimuler la bonne conduite et le travail du condamné dans les prisons par la perspective de l'abréviation de la peine, il le prépare insensiblement à supporter sans fléchir le poids souvent trop lourd de la pleine liberté. Puis il indique les moyens propres à lui faciliter, à l'expiration de sa peine, la recherche difficile et même douloureuse du travail. Enfin, il se plaît à le seconder dans l'entreprise généreuse, inspirée par le repentir, d'entrer résolûment dans la voie de l'honnêteté soutenue, ce

(1) Voir le texte de la proposition de loi, *Bulletin de la Société générale des prisons*, n° 1, janvier 1833, p. 38.

5

qui devra lui mériter un jour le rachat et l'oubli de sa faute.

Tout cela se résume, en définitive, à procurer d'abord la prompte exécution de la loi du 5 juin 1875, et à la compléter ensuite dans ses effets par le triple système de la libération conditionnelle, de l'organisation légale du patronage et de la réhabilitation simplifiée, c'est-à-dire dégagée des formalités rigoureuses qui trop souvent en interdisent l'accès aux libérés.

Il importe maintenant de traiter séparément chacune des propositions énoncées.

§ 1. — *Exécution de la loi du 5 juin 1875.*

La commission de l'Assemblée nationale, qui prépara la loi de juin 1875, proposait d'abord de rendre obligatoire la partie de la dépense mise au compte des départements; mais elle donnait en même temps à ceux-ci les moyens de s'exonérer de tout ou partie de cette charge en rétrocédant à l'Etat la propriété de leurs prisons. C'était raisonnable autant que juste. D'une part, en effet, l'obligation se justifie par le caractère essentiellement public et social de la dépense; et quant à la rétrocession, aucune objection sérieuse ne pouvait, ce semble, en écarter le principe, puisque les conditions devaient en être débattues librement et même être soumises, en cas de dissentiment, à l'appréciation du Conseil d'Etat. Mais le gouvernement craignait, si le système de rétrocession était maintenu, que le budget de l'Etat n'eût à fournir la presque totalité des sommes nécessaires à la transformation. En conséquence, il déclara qu'à ce point de vue il ne saurait approuver le projet. Il représenta d'ailleurs que les départements étant eux-mêmes en général très obérés, ils ne pourraient que difficilement s'accommoder du caractère obligatoire des sacrifices qu'il s'agissait de leur imposer, ce qui, tout en aggravant leur fardeau budgétaire, faciliterait peut-être des résistances redoutables. On s'arrêta devant ces objections financières, et l'exécution de la loi fut désormais abandonnée au bon vouloir des conseils généraux. C'était, en la rendant impuissante, détruire d'une main ce qu'on édifiait de l'autre. L'expérience, du reste, ne tarda pas à confirmer pleinement ces trop faciles prévisions. En effet, après dix années écoulées, on compte a peine, sur 437, 12 prisons réformées suivant le nouveau système (1). Faible résultat, il faut en convenir, d'enquêtes volumineuses, d'études approfondies, de longues et patientes recherches. Aussi, dans le projet nouveau, s'agit-il avant tout de combattre et de vaincre une force d'inertie qui compromet les plus sérieux intérêts, en abandonnant toutes choses à leur cours accoutumé sans s'inquiéter des résultats. C'est là le mal qu'il faut à tout prix extirper; et l'auteur de la proposition espérait y réussir, par le retour pur et simple qu'il sollicitait à la combinaison arrêtée en 1875 par la commission pénitentiaire.

Le Sénat se montra favorable à l'initiative prise à cet égard par un de ses membres les plus autorisés; mais il fallait, avant toute adoption du projet, s'enquérir de la pensée du gouvernement. Or, pendant que la commission chargée de l'examiner délibérait sur les problèmes à résoudre, le Ministre de l'intérieur (2) vint arrêter soudain, par une communication importante, le cours de ses travaux déjà très avancés. A coup sûr, c'était son droit;

---

(1) *Vid. passim,* proposition de loi de M. Bérenger, sénateur, au *Bulletin de la Société générale des prisons,* nº 1, janvier 1883, pp. 33 et suiv.

(2) M. Waldeck-Rousseau.

mais était-ce bien le cas pour le gouvernement d'intervenir à cette heure? Et le Sénat ne pouvait-il passer
outre, en mettant en pratique ce conseil qu'Horace donnait pertinemment aux auteurs dramatiques de son
« temps :

« Nec Deus intersit, nisi dignus vindice nodus
» Inciderit..... » (1).

Ici le dénoûment était proche, et on pouvait au besoin
en accélérer la marche sans recourir à l'intervention d'en
haut.

Peut-être le gouvernement pensait-il qu'en si grave
matière il ne devait pas se laisser devancer même par le
Sénat, et que son rôle consistait surtout à diriger le pays
et à mettre, quand il le fallait, dans la balance de ses
destinées le poids de sa haute mission et la puissance dont
il dispose. Quoi qu'il en soit, un projet de loi sur la réforme des prisons de courtes peines fut présenté par le
Ministre de l'intérieur à la haute Assemblée. « La réalisa-
» tion de toute réforme pénitentiaire, disait-il dans l'ex-
» posé des motifs, et l'effet même des peines dépendent,
» dans la plus large mesure, de l'état matériel des pri-
» sons (2). Soustraire les condamnés à la contagion du
» mal en supprimant tout contact avec les détenus, ajou-
» tait-il, telle était la pensée du législateur quand il adop-
» tait le régime de la séparation individuelle comme mode
» d'exécution des courtes peines d'emprisonnement.. .. »
Le ministre déclarait en même temps que les deux tiers
environ des prisons départementales de France ne possè-

(1) Horace, *Art poétique*.
(2) *Bulletin de la Société générale des prisons*, nos 2 et 3, février-
mars 1884, pp. 256 et suiv.

dent pas une seule cellule de détention, effet déplorable,
mais trop réel d'une loi dépourvue de sanction.

D'après le document ministériel, l'état présent de cet
important service est celui-ci : « On ne peut faire dispa-
» raître les prisons en commun, et les prisons cellulaires
» ne se construisent pas. » La conséquence qui s'évince
et la conclusion qui s'impose, c'est qu'il faut, pour ainsi
dire, prêter main forte à la loi de 1875, fallût-il pour
cela créer des dépenses obligatoires. Seulement, il importe
de renfermer ces mesures d'exécution dans les plus strictes
limites. Ce serait autrement alarmer sérieusement les intérêts des contribuables et susciter des discussions désormais inutiles sur les mérites divers de systèmes pénitentiaires opposés qui, de tout temps, ont eu le privilège de
passionner les esprits.

Par ces considérations, le Ministre jugeait prudent, tout
en demandant une sanction pour la loi de 1875, d'en res-
treindre l'effet immédiat dans la proportion du quart de la
population des détenus, avec faculté de déclassement des
prisons les plus défectueuses. Pour rendre, en outre, moins
onéreux aux départements l'accomplissement de leur tâche,
il leur concédait la faculté d'établir, par une entente
commune, des prisons cellulaires interdépartementales.
Passant enfin aux moyens d'exécution de la réforme, le
Ministre déclarait que, pour un ensemble de 50 à 55 départements, il y aurait à fournir, soit par constructions
nouvelles ou par transformations des prisons existantes,
2,400 cellules dans un intervalle de cinq années. Ces établissements étant consacrés à l'application des mêmes
peines, l'administration devrait s'efforcer d'imprimer à
leur organisation un caractère essentiel d'unité. La loi
serait autrement méconnue dans son esprit, puisque des
condamnations identiques seraient exécutées de façon
inégale.

On devine pourtant combien de circonstances peuvent
influer diversement en pareille matière, quand on se meut
au milieu d'éléments variables selon les temps et les
lieux : importance de la localité, valeur des terrains, con-
figuration et nature du sol, taux des salaires, disponibilité
des subsides, difficultés ou accidents imprévus se pro-
duisant dans l'exécution des plans et le cours des travaux; voilà bien autant de causes dont il faut, bon gré
mal gré, tenir compte et se préoccuper. C'est pourquoi la
nécessité s'est imposée d'établir un programme détermi-
nant les conditions ordinaires auxquelles doit répondre
une maison d'emprisonnment individuel, et fixant aussi
les résultats de l'étude des différents types des prisons. Il
ne s'agit pas ici, bien entendu, d'imposer des décisions
absolues et uniformes pour toutes les constructions, mais
d'indiquer les besoins du service auquel elles sont destinées. Dans cet esprit, tout ce qui pourra faciliter la transformation d'une prison sans méconnaître les principes
sur lesquels repose la loi même qu'il s'agit d'appliquer;
tout ce qui procurera des réductions de dépense peut donc
être accepté et doit être recherché. Le pire danger pour
une loi n'est-il pas, après tout, de rester à l'état de doctrine théorique dans le domaine des vœux et des intentions abstraites? Donc, il faut sans hésiter, par une
addition relativement modérée aux charges publiques,
procurer une des réformes les plus pressantes dont les
pouvoirs publics aient eu jamais à s'inquiéter.

On le voit : le projet ministériel, dont nous croyons
avoir présenté la substance d'une manière exacte, sans en
reproduire il est vrai les développements textuels, ne
diffère pas dans son but de la proposition émanée de
l'initiative parlementaire; mais il s'en sépare essentiellement par les moyens. Tandis que, d'une part, on s'engage
résolûment dans la voie, en apparence la plus courte,

pour arriver au terme sans trop s'inquiéter des difficultés
qui pourront se rencontrer en chemin, au contraire, on
interroge avec soin, de l'autre côté, les obstacles que présente le terrain sur lequel devra s'établir l'édifice, et on
s'efforce de les tourner plutôt que de les attaquer directement et de les surmonter de vive force. Là peut-être on
est plus droit; ici plus habile sans doute ou du moins plus
pratique. Le choix entre les deux systèmes dépendra, dès
lors, de la nature diverse des esprits qui voudront en apprécier les mérites. Dans tous les cas ils pourront, dans le
monde abstrait des idées, tenir indifféremment pour l'un
ou pour l'autre sans nuire au succès définitif de l'œuvre
commencée. Mais où la proposition individuelle se montre
moralement supérieure aux créations officielles, c'est dans
l'égalité qu'elle maintient entre tous les détenus au point
de vue de l'incarcération cellulaire. Le gouvernement, au
contraire, propose de ne soumettre au régime de l'emprisonnement individuel que le quart de la population
moyenne des détenus calculée dans l'ensemble des maisons d'arrêt, de justice et de correction.

Il se peut que des nécessités financières aient inspiré
cette disposition; mais en est-elle pour cela d'une application plus facile? En est-elle, pour tout dire en un mot,
moins arbitraire? Si le quart de la population moyenne
des détenus est seul admis au bénéfice de la séparation
individuelle, c'est donc que les trois quarts restants seront
soumis encore à l'emprisonnement en commun. Vous êtes,
dans ce cas, amené fatalement à faire un choix et à créer
même, bon gré mal gré, des catégories parmi les détenus
eux-mêmes. Mais quelles règles présideront à ces choix,
et quels précédents ou quels motifs détermineront le
classement dans les diverses catégories? Renfermerez-vous
dans les cellules ceux que leurs antécédents signalent
comme les plus mauvais? Mais alors vous abandonnez les

meilleurs à la dépravation qu'entraîne inévitablemeut un
contact dangereux et une vie commune dans un milieu
reconnu comme pernicieux et corrupteur. Si vous réservez,
au contraire, la cellule pour les meilleurs, vous renoncez
par là même à l'amendement de ceux auxquels, semble-
t-il, la séparation serait surtout nécessaire. Ainsi : que la
question soit envisagée à tel point de vue ou qu'elle ap-
paraisse sous un aspect opposé, partout et toujours on
vient se heurter, se briser même contre d'insolubles
difficultés.

Pourtant, la faculté laissée au gouvernement de dé-
classer les établissements les plus défectueux, ceux dans
lesquels la promiscuité paraît être la plus dangereuse, afin
de les remplacer par des bâtiments destinés à l'emprisonnement individuel, constitue, selon nous, une disposition
d'une incontestable sagesse et à laquelle on ne saurait
justement refuser une entière approbation.

Le projet présenté par le Ministre de l'intérieur et for-
mulé dans six articles (1), fut renvoyé naturellement à la
commission chargée d'examiner la proposition de loi sur
les moyens préventifs de combattre la récidive. Cette mesure devait nécessairement entraîner l'ajournement pur et
simple du projet sénatorial, au moins dans la partie relative aux moyens d'assurer la prompte exécution de la loi
de 1875. C'est ce qui fut décidé. Toutefois, la libération
conditionnelle, le patronage et la réhabilitation, quoiqu'ayant avec la transformation du système pénitentiaire
un lien direct, ne s'y rattachent pas néanmoins par une
connexité nécessaire. Il importait dès lors, s'ils peuvent en
être séparés, de ne pas renvoyer à un avenir indéfini les
bons effets qu'on peut en attendre dès à présent. Telle fut

(1) V. *Bulletin de la Société générale des prisons*, nᵒˢ 2 et 3, février-
mars 1884, pp. 280 et 281.

l'opinion du Sénat. C'est pourquoi nous devons traiter nous-mêmes séparément chacune des parties de la proposition émanée de l'initiative parlementaire.

§ 2. — *De la libération conditionnelle ou préparatoire.*

La libération conditionnelle ou préparatoire peut être définie : le droit pour l'autorité compétente de faire mettre en liberté, avant l'expiration de la peine, les condamnés qui ont donné des preuves de repentir et d'amendement, et de révoquer cette mesure si le libéré n'a pas ensuite réalisé le bien qu'on devait attendre de lui. Ainsi : régénérer le prisonnier en le laissant responsable de ses actes, en le rendant, jusqu'à un certain point, l'arbitre de sa destinée, et le préparer à la liberté définitive en stimulant par l'espérance sa conduite et son travail, tel est le but de cette institution qui repose, en outre, sur l'observation attentive de la nature humaine et des mobiles qui la font agir. Il n'est pas, en effet, dans l'homme retenu captif de sentiment plus impérieux que celui de recouvrer sa liberté. Or, si on la fait luire à ses yeux comme la récompense de sa bonne conduite ; si, d'autre part, on fait peser sur la tête du libéré la crainte de perdre, par une seule faute, ce bien inestimable conquis au prix des plus grands efforts, n'est-ce pas le moyen le plus capable de réveiller la conscience de cet homme, de le ramener dans la bonne voie et de l'y maintenir ?

L'idée de la libération conditionnelle est née en France. Ce fut, en effet, sous le gouvernement de Louis-Philippe que, pour la première fois, se produisit l'inspiration salutaire de montrer au condamné la bonne conduite comme le sûr moyen d'obtenir l'abréviation de sa peine. Un simple essai dans l'ordre administratif l'introduisit d'abord en faveur des jeunes détenus. Le succès ne répondit pas

immédiatement aux espérances de ceux qui en avaient pris
l'initiative (1) Mais bientôt il fut constaté que sur cent
enfants, plus de soixante étaient, chaque année, sauvés
de la récidive (2) Devant un exemple si décisif, se peut-il
que cette institution n'ait pas été de même appliquée aux
adultes? C'est ce qu'il est difficile de comprendre.

Tandis que cette heureuse expérience tentée dans notre
pays s'arrêtait soudain immobile sans provoquer, pour la
féconder et l'étendre, l'intervention du législateur, les nations voisines nous empruntaient à l'envi cet utile instrument de régénération. L'Irlande la première, l'Angleterre
ensuite, puis un grand nombre d'autres n'hésitaient pas à
se l'approprier.

C'est surtout en Irlande qu'elle fut organisée d'une manière en quelque sorte scientifique, c'est-à-dire conforme
aux principes admis en matière pénale et aux enseignements qui découlent de leur mise en pratique.

Tout système pénitentiaire se trouve exposé trop souvent au danger de compromettre son œuvre de réforme,
en oubliant que la peine n'est pas seulement moralisatrice, mais encore expiatoire; qu'elle doit renfermer à la
fois des moyens d'intimidation et d'amendement. Il faut
que la prison se présente comme un mal redoutable, et il
importe essentiellement qu'elle prévienne le retour du
crime par la terreur qu'elle inspire. Le traitement pénal
en Irlande est appliqué d'après ces règles tutélaires. C'est
pourquoi le premier stage y est extrêmement pénible, et
durant cette période l'isolement est imposé dans toute sa
rigueur. Pourtant la bonne conduite du condamné peut
en abréger la durée, comme la mauvaise aurait pour résultat de prolonger l'épreuve.

(1) Gabriel Delessert, alors préfet de police.
(2) *Bulletin de la Société générale des prisons*, nº 4, avril 1844,
pp. 392 et suiv.

Dans la seconde période, la nourriture devient plus substantielle, les travaux moins pénibles ; elle est caractérisée plus spécialement par l'institution des *marques*. Les condamnés sont divisés en cinq classes. Le passage d'une classe à l'autre est considéré comme un avancement, et il est mérité par l'obtention d'un certain nombre de *marques*, espèce de bons points mensuels destinés à constater d'une manière précise le degré de régénération des détenus. Leur traitement est ainsi mesuré à leur repentir, et chaque pas qu'ils font dans la voie du travail et de l'amendement les rapproche du terme de leur captivité.

Enfin le second stage est terminé ; la troisième période de la peine commence. Les détenus sont envoyés dans la maison intermédiaire qui forme le signe distinctif du système irlandais. C'est bien encore la prison, en ce sens qu'il n'y a là que des condamnés ; mais c'est une prison dont la porte est ouverte dès le matin. Le libéré se rend à sa journée pour se livrer au travail qui lui a été soigneusement préparé. S'il rentre le soir, l'épreuve se continue à son profit jusqu'à ce qu'il reçoive, par une remise définitive de sa peine, la suprême récompense de sa bonne conduite.

Le système irlandais, conciliant de la sorte les principes nécessaires de l'expiation et de l'amendement, amène le condamné progressivement à un bon usage de son indépendance, sans substituer l'idée de correction à celle de châtiment. Aussi peut-il se résumer dans cette double proposition : on peut élargir un condamné lorsque sa régénération morale est suffisamment garantie et que sa faute est suffisamment expiée (1).

_____

(1) *Vid.* Saint-Sever-Pagés, *Etude sur le système pénitentiaire et la libération préparatoire en Irlande.*

Pratiquée dans cette mesure et avec ces ménagements, la libération préparatoire a eu par elle-même en Irlande une grande influence réformatrice. Ce système pouvant s'accomoder des moyens les plus variés d'exécution pratique, contribuera puissamment, si on sait lui conserver ses conditions essentielles, à la régénération des coupables dans tous les pays.

Pourtant son adoption, reconnue nécessaire par d'éminents esprits, n'a pas encore saisi l'opinion publique en France. Quand elle fût soumise aux cours d'appel, en 1872, les unes hésitèrent à se prononcer sur cette question ; d'autres, sans contester le mérite de cette institution nouvelle, entrevoyaient surtout de graves difficultés pour en appliquer les principes. Quelques-unes seulement, parmi lesquelles la Cour de Cassation, donnèrent un avis favorable. C'est que les meilleures choses ne sont jamais acceptées sans contestations ; et les succès obtenus en Irlande par l'introduction de la libération préparatoire, ont été, si non contestés en eux-mêmes, du moins appréciés de manière à leur refuser une valeur sérieuse. On a dit ainsi qu'en Irlande ce système répondait à un état de choses spécialement propre à ce peuple et que dès lors il était dangereux de conclure ici du particulier au général ; erreur profonde, car il est, au contraire, fondé sur des vérités universelles, et par conséquent applicables à tous les pays. Il est certain, d'ailleurs, que dans les grandes questions sociales il ne peut y avoir en principe de différence entre les diverses nationalités ; et les modifications apportées dans les détails afin de mieux approprier une institution aux exigences particulières de chaque peuple, à ses habitudes judiciaires ou administratives, ne sauraient point en changer le caractère essentiel. Il faut même ajouter que les progrès remarquables de l'Irlande en ce qui touche la libération préparatoire, loin d'être la conséquence d'une situation exceptionnellement favorable, ont été obtenus dans des circonstances qui vraiment étaient de nature à décourager les plus confiants. Tandis que l'Angleterre, grâce à son commerce, à son industrie et à sa toute puissance maritime, jouit de la plus grande prospérité, l'Irlande, rongée par la plaie du paupérisme, voit ses habitants incessamment poussés au crime par l'ignorance et la misère. Ses malfaiteurs étaient les plus dangereux du Royaume-Uni ; et lorsque la plupart des colonies refusaient de recevoir les *convicts* anglais, l'Australie occidentale consentait, à condition toutefois *qu'ils ne fussent point Irlandais.* Donc l'objection ne porte pas et doit être écartée.

Au Sénat, aucune critique de ce genre ne s'éleva contre la proposition ; et, dans la discussion remarquable qu'elle souleva, son auteur eut la satisfaction intime de voir presque tous les articles du projet adoptés successivement avec une sorte d'entraînement sympathique. Un seul, l'article 3, devint l'objet de graves observations dont il importe d'apprécier rapidement l'importance.

Cet article énonçait que les arrêtés de mise en liberté sous condition de révocation seraient pris par le Ministre de l'intérieur. « Cela ne doit pas être, dit alors un mem-
» bre de la haute Assemblée (1). Cette mesure rappelle
» par certains côtés le droit de grâce : elle s'y rattache
» même d'une manière intime ; et, par conséquent, celui-
» là seul qui a le droit de grâce, doit avoir le droit de
» suspendre provisoirement l'exécution de la peine. L'au-
» torité administrative ne peut pas modifier l'œuvre de
» la justice. »

Il fut répondu par le rapporteur de la commission qu'à la différence de la grâce, qui s'attaque à la peine elle-

(1) M. Brunet.

même qui la modifie en la faisant cesser ou en en abrégeant la durée, la libération conditionnelle la respecte et se borne à tenter une épreuve sur l'individu sans porter la moindre atteinte au caractère de la peine. La grâce, d'ailleurs, c'est un acte de simple bienveillance, de pure faveur qui peut être accordé ou refusé suivant le bon plaisir et sans même avoir à se préoccuper de la conduite du condamné. Son motif peut être un intérêt politique et presque toujours, c'est à cette cause qu'il faut en attribuer la concession. Au contraire, la libération conditionnelle c'est l'octroi d'une récompense soigneusement gagnée, la reconnaissance et la sanction d'un droit acquis, en un mot, un acte de justice. Ne voit-on pas, dès-lors, quel abîme les sépare? En outre, dans l'état actuel des choses, c'est au Ministre de l'intérieur qu'appartient la direction de l'administration pénitentiaire, la charge des condamnés, la surveillance de leur conduite, l'application des réglements disciplinaires auxquels ils sont soumis. Quoi de plus naturel alors que de lui attribuer également la faculté d'accorder à ceux qui les observent avec une constance patiente et résignée, les récompenses dont ils se sont rendus dignes?.....

En somme, la question à résoudre dans ce grave débat était celle-ci :

La libération conditionnelle ou préparatoire peut-elle être considérée comme découlant du droit de grâce appartenant au pouvoir souverain, ou comme une simple mesure administrative modifiant l'exécution de la peine d'emprisonnement prononcée par le juge sans en rapprocher le terme?.....

On ne peut s'empêcher de reconnaître que la libération préparatoire aboutit en définitive à une modification dans la nature de la peine, puisqu'au fond elle consacre une diminution réelle quoique non définitive du châtiment encouru. Sous ce rapport, il serait vrai de dire qu'elle se rapproche beaucoup du droit de grâce dont l'effet consiste précisément à interrompre le cours d'une peine infligée par le juge. Or, une telle faculté, semble-t-il, devrait être laissée à la prérogative souveraine et non point abandonnée à la pure initiative de l'administration.

Le Sénat, toutefois, plus touché des difficultés que rencontrerait dans la pratique l'application rigoureuse des principes, qu'effrayé de la confusion que pourrait apporter le système de la commission dans les limites de la compétence des pouvoirs judiciaire et exécutif, adopta l'article 3 dans ses termes sans lui faire subir le moindre changement.

Il en fut de même du titre II, relatif au patronage, dont il importe maintenant d'apprécier la portée.

§ 3. — *Du Patronage.*

Rien de plus utile, de plus respectable, de plus digne d'encouragements que l'institution du patronage. Il ne saurait y avoir de dissidence sur ce point. Se faire les confidents des malheureux, les suivre avec un bienveillant intérêt dans la voie de réparation où ils paraissent vouloir s'engager, rechercher leur famille, s'efforcer de les réconcilier avec elles, pénétrer dans les ateliers privés, y chercher du travail et en offrir les ressources, avec un affectueux empressement, à des hommes voués jusques-là par une vie oisive à toutes les convoitises et à tous les dangers, quelle mission ! Et combien ceux qui l'acceptent et surtout qui l'accomplissent méritent de gratitude et même d'admiration !

Pourtant, rien de plus difficile et de plus délicat à organiser que l'institution du patronage. D'abord, l'Etat ne peut intervenir directement dans son fonctionnement.

Conçoit-on un agent de l'autorité se rendant, avec ses titres officiels, ses insignes et son uniforme, chez les personnes qu'il s'agit d'intéresser discrètement au sort de celui qui cache sa situation pour échapper à la honte? Sa seule présence suffirait pour révéler au public la triste vérité, ce qui nécessairement aurait pour résultat final la fuite par le libéré de l'atelier où il travaille et de la localité même où il réside Le patronage doit donc être abandonné forcément à l'initiative individuelle, et l'Etat ne peut, en cette matière, substituer son action à celle des sociétés. Son rôle doit se borner à les encourager et à leur procurer au moins une partie des ressources dont elles ont besoin pour remplir utilement cette sorte de magistrature offficielle à laquelle elles se sont consacrées.

On compte en France une cinquantaine de sociétés de patronage, et sur ce nombre il en est à peine dix qui puissent offrir des résultats satisfaisants (1). L'action des autres se trouve paralysée par l'insuffisance des moyens.

L'auteur de la proposition n'ignorait pas cette situation. Il s'est efforcé d'y remédier en faisant inscrire dans les deux seuls articles du projet relatifs au patronage, une disposition en vertu de laquelle des subventions seront accordées aux sociétés vouées à cette œuvre, en précisant qu'elles seraient en rapport avec le nombre des libérés réellement patronés, et aussi strictement renfermées dans les limites du crédit spécial inscrit dans la loi des finances (2).

Est-ce que tout cela peut suffire pour multiplier le pa-

(1) Discours de M. Herbette, commissaire du gouvernement, en réponse au rapporteur du projet de loi.

(2) Délibération au Sénat de la proposition de loi relative aux moyens de combattre la récidive (Séance du 29 mars 1884.)

tronage, pour lui imprimer une action généreuse, un dé-
voûment sans bornes, pour réchauffer le zè e des adeptes,
pour leur inspirer la passion de soulager et de guérir
ceux qui souffrent? Non, cela ne suffit pas; et moins que
tout autre, le rapporteur du projet pouvai: conserver
quelque illusion à cet égard. Aussi le spectacle de cette
impuissance douloureuse lui arrache cet aveu formel qu'il
est utile de recueillir : « Tout cela. Messieurs, s'écrie-t-il,
» offre des difficultés extrèmes; et c'est seulement « la
» charité » qui peut accomplir cette mission » (1). Oui,
sans doute; mais la charité de Dieu explique seule la charité de l'homme Seule elle en est le principe et seule elle
peut en être la récompense. « Le devoir, disait-on na-
» guère éloquemment en pleine Académie française (2),
» le devoir peut se comprendre par la raison, la bienfai-
» sance par la bonté, l'héroïsme par le courage; mais il
» n'y a que la foi qui puisse expliquer la charité. C'est
» un Dieu qui l'a révélée aux hommes et elle est restée
» divine. » Or, de telles idées ne sont plus en faveur aujourd'hui. Le monde officiel surtout les rejette avec un
dédain superbe. . Eh bien! qu'il reste, s'il le peut, dans
les limites de son budget; qu'il accomplisse. avec les ressources diminuées dont il dispose pour les bonnes œuvres,
ce que la charité pouvait seule entreprendre; qu'il
cherche des coopérateurs en dehors de ceux qui croient
en Dieu simplement. Il le peut, sans doute; mais qu'il le
sache bien, il faut alors qu'il renonce au patronage.

Il nous reste à parler de la réhabilitation.

(1) *Bulletin de la Société générale des prisons*, n° 4, avril 1884,
p. 397.
(2) Rapport sur les prix de vertu, par M Failleron, directeur. Académie française, séance publique annuelle du 20 novembre 1884.

6

§ 4. — *De la réhabilitation.*

Les principes de la réhabilitation se retrouvent dans les législations des plus anciens peuples. Sans remonter à la Grèce et à Rome, ni même à l'ancien Droit français, qui ne distinguait guère la réhabilitation de la grâce, devenue par les efforts des jurisconsultes un droit régalien, il suffira de dire qu'en 1791 seulement (1), la réhabilitation fut considérée par les législateurs comme le complément nécessaire de tout système pénal. Malheureusement, ils allèrent trop loin. Admirateurs des temps antiques, ils voulurent créer, à leur imitation, le baptême civique. C'était assurément une idée pleine de grandeur, puisqu'elle procédait de ce principe que l'homme repentant, qui avait été publiquement dégradé, devait être de même réhabilité publiquement. Mais cette idée n'était pas pratique; nos mœurs ne sont plus celles de Rome antique, et la nature de l'homme s'est elle-même modifiée en traversant les siècles. Dans ce système, la municipalité prononçait en réalité la réhabilitation. Le tribunal n'intervenait que pour enregistrer sa décision. C'était une part trop faible laissée à l'autorité judiciaire dans un acte qui a surtout besoin de la grave autorité de la justice et de son imposante consécration. Il y avait là d'ailleurs un vice profond. En entourant la réhabilitation d'une certaine pompe, la Constituante croyait en relever le caractère et la rendre plus féconde. Elle se trompait. Comme on l'a si bien dit quelque part (2), « le vrai repentir a une pudeur qui craint la publicité. » La lecture publique de la con-

(1) V. Code pénal des 25 sept., 6 oct. 1791, Irᵉ partie, titre **VII**, art. 1 à 8.

(2) Thèse pour le doctorat, de M. Lair.

damnation, la présence nécessaire du condamné et la cé-
rémonie quelque peu théâtrale dont il était l'objet, ren-
daient pour beaucoup la réhabilitation peu désirable; et
ce ne fut pas l'un des moindres obstacles au développement de cette institution que ces solennités « dangereuses
» si elles tendaient à humilier le condamné, immorales si
» elles se proposaient de le glorifier... » (1).

Dans le système de la loi du 3 juillet 1852, la réhabilitation n'est plus le complément de la grâce. Elle est le
prix de l'expiation et du repentir. Tel est l'esprit de la loi
nouvelle. Mais alors pourquoi ne pas faire de la réhabilitation l'objet d'un véritable recours de droit et ne pas s'en
remettre aux tribunaux du soin de la prononcer? Pourquoi ces formalités nombreuses énumérées avec soin au
Code d'instruction criminelle (2), et devant lesquelles re-
culent trop souvent les demandes les plus légitimes?

« Voilà un homme, dit un magistrat (3), qui, sa peine
» subie, s'est, à force de patience et de courage, créé
» une existence nouvelle. Afin de mieux attester sa ferme
» volonté de rompre avec un passé déplorable, il s'est
» expatrié. Dans le milieu où il s'est établi, il est parvenu
» à dissimuler ses antécédents. Comme on ne le juge que
» par ses œuvres actuelles, il a la réputation d'un hon-
» nête homme et personne ne lui refuse l'estime. Nul
» mieux que lui n'a mérité la réhabilitation; mais la sol-
» licitera-t-il si vous l'obligez à faire revivre un passé dé-
» finitivement racheté? Il a tout à perdre à étaler sa honte
» devant ses nouveaux concitoyens. Le succès de ses

(1) Rapport de M. Langlois sur la loi de 1852.
(2) *Vid.* art. 619 et suiv. du Code d'inst. crim., y compris l'art. 634
inclusivement.
(3) Discours de rentrée prononcé devant la Cour de Grenoble, en
1881, par M. Duhamel, substitut du procureur général.

» démarches ne sera pas un remède complètement répa-
» rateur du préjudice occasionné par un aveu de sa faute.
» Même en déclarant que l'expiation a été complète, le
» pouvoir souverain le laissera sous le coup de la défa-
» veur qui s'attachera à sa qualité désormais publique de
» repris de justice..... Mais un échec est possible!... En
» ce cas, le rejet de sa demande le couvrira de confusion
» et équivaudra à une nouvelle condamnation plus dou-
» loureuse que la première..... »

« Pour lui c'est payer trop cher la restitution des droits
» que de l'obtenir au prix d'une cruelle divulgation de sa
» faute.

» Presque toujours ce sont les plus dignes qui redou-
» tent d'affronter cette épreuve, et quelques-uns préfèrent
» retirer leur demande plutôt que de s'y soumettre..... »

C'est pour obvier à de si graves inconvénients que l'auteur de la proposition déposée au Sénat et finalement
adoptée par l'Assemblée, a voulu d'abord que l'avis du
conseil municipal soit remplacé par celui du maire; puis,
revenant à la jurisprudence et à la législation anciennes,
il a pensé qu'il fallait restituer à la réhabilitation, pour la
rendre à la fois plus morale et plus exemplaire, plus sûre
et plus efficace, les deux caractères qu'elle avait autrefois, à savoir : qu'elle soit un recours de droit et que ce
soit la justice qui la prononce. Enfin, étendant ses conséquences, il a demandé très instamment et obtenu, non
sans protestation cette fois (1), qu'elle produisit cet effet
considérable d'effacer la peine elle-même.

Ces modifications sont en général raisonnables et
même juridiques; mais ont-elles avec la question des
récidivistes, un rapport nécessaire et direct? Sans

(1) M. le sénateur Gustave Humbert a protesté contre cette innovation.

doute, pour les condamnés susceptibles d'amendement; dont le repentir a eu la vertu d'effacer des fautes expiées déjà par des peines plus ou moins rigoureuses, la réhabilitation aura cet effet admirable de les relever à leurs propres yeux, puisque, non-seulement elle fera disparaître jusqu'aux traces de leur passé, mais qu'elle produira l'effacement de la condamnation elle-même; mais pour les incorrigibles, à quoi bon toutes ces précautions et pourquoi ces soins inutiles? La réhabilitation, qu'elles qu'en soient les formalités et les règles, leur importe peu. Ce qu'ils veulent avant tout, ce n'est pas de reprendre parmi leurs concitoyens une place honorée, c'est de se procurer, au besoin par de nouveaux crimes, les voluptés qu'ils recherchent avec une fiévreuse impatience. Que leur font les lois d'une société qu'ils détestent et à laquelle ils ont déclaré la guerre, impitoyable, sans trêve ni merci? C'est à ceux-là que s'appliquent justement ces vers émanés de la plume vigoureuse mais dévoyée d'un poète de la jeune école française.

« Ils allaient pillant tout le temps comme l'espace
» Sans rappeler hier, sans penser à demain,
» N'estimant rien de bon que le moment qui passe,
» Et dont on peut jouir quand on l'a dans la main (1). »

Eh bien, pour ces hommes, osons le dire, la cellule, la libération conditionnelle, le patronage, la réhabilitation elle-même sont de vaines mesures dont ils se jouent, de puériles précautions qu'ils méprisent. Faut-il donc laisser la société toute entière sans défense contre leurs attaques et sans protection contre de criminelles tentatives? Telle est la question. L'opinion publique la pose

(1) *Richepin.*

chaque jour, la presse la discute et somme les législateurs de la résoudre. « Pourquoi, s'écriait déjà l'un de ses
» organes les plus répandus (1), en mai 1883, pourquoi
» les moyens les plus énergiques ne seraient-ils pas des
» moyens légitimes quand il s'agit d'assurer la sécurité
» de tous, menacée par d'incorrigibles bandits ?.......
» Une chose vraie, indiscutable, c'est qu'ils constituent,
» et depuis trop longtemps, un véritable danger et qu'il
» serait par trop naïf, sous prétexte qu'ils sont à plaindre
» moralement, de les laisser indéfiniment en libre pra-
» tique dans Paris qu'ils mettent en coupe réglée et qui
» leur fournit chaque jour les recrues nécessaires, gâtées
» par le contact ou entraînées par l'exemple, peut-être
» tentées par l'impunité. »

Depuis le jour où ces lignes étaient écrites, la situation n'a fait qu'empirer. Les pouvoirs publics s'en sont
émus. Un projet de loi relatif aux récidivistes, présenté
par le gouvernement, a pris place parmi les lois du
pays. Il doit être dès lors l'objet immédiat de l'étude
approfondie que comporte cette grave matière.

CHAPITRE IV.

ORIGINE ET FILIATION DU PROJET SUR LES RÉCIDIVISTES. — DIS-
CUSSION A LA CHAMBRE ET AU SÉNAT. — SON ADOPTION DÉ-
FINITIVE. — ANALYSE DES DISPOSITIONS DE LA LOI ET APPRÉ-
CIATION DES DOCTRINES QU'ELLE CONSACRE.

Le projet sur les récidivistes, après avoir subi l'épreuve
d'une triple discussion au sein du Parlement, est désormais rangé parmi les lois criminelles de France. Il devait
en être ainsi; car des dissidences sur des points secon-

(1) *Le Soleil*, numéro du 18 mai 1883.

daires, alors que les principes essentiels étaient de toute part acceptés, ne pouvaient mettre obstacle à l'accord définitif des volontés. Nous pouvons donc étudier, d'ores et déjà, l'économie de cette œuvre législative, et nous rendre exactement compte de son esprit et de sa portée.

Avant tout, il importe de bien déterminer ce dont la loi nouvelle a voulu s'occuper. Evidemment, ce ne pouvait pas être des crimes, puisque la loi du 30 mai 1854 a réglé cette matière. A cette époque, la peine des travaux forcés était jugée tout-à-fait inefficace. Elle conservait bien encore son caractère de flétrissure; mais elle avait perdu toute vertu d'intimidation. Il était urgent de la remplacer. On y substitua la transportation qui, par le seul fait d'une condamnation à huit années de travaux forcés, est encourue pour la vie entière et de plein droit, sans qu'il soit besoin, par conséquent, d'une discussion spéciale ni d'un verdict distinct et séparé. En édictant ainsi la perpétuité d'expatriation, la loi de 1854 suscita dans les âmes des craintes salutaires et devint pour la société la préservation la plus efficace. Par cela même, elle revêtit comme une sorte de nature préventive qui devait contribuer et qui contribua réellement à la diminution de la récidive criminelle. Ce fait considérable a été mis en lumière par des documents statistiques dont l'authenticité n'est pas douteuse.

Voici ce qu'ils constatent :

De 1826 à 1855, la progression des récidives criminelles est constante. La loi de 1854 intervient; et bientôt, c'est-à-dire de 1856 à 1860, le chiffre des récidivistes criminels, qui s'élevait à 2,314, tombe rapidement à 1,923; et tandis que, en 1876, on en comptait 1,858, on n'en signale plus, en 1880, que 1,656 (1).

_____

(1) *Journal officiel,* 1883. — Débats parlementaires, p. 1449.

Tels sont les résultats obtenus par la loi de 1854, ce qui permet d'affirmer que de son application date le moment précis où le courant change, où la récidive criminelle, au lieu d'augmenter, diminue; et comment cela s'est-il produit? Est ce parce que, dès 1856, on avait transporté des criminels en si grande quantité qu'il en restait désormais beaucoup moins sur le territoire français? Nullement. Cette diminution a eu lieu uniquement par l'inscription dans la loi du principe de la transportation de plein droit, et à perpétuité, dans le cas où certaines condamnations seraient encourues.

La récidive criminelle a donc été sagement réglée par le législateur de 1854; et les faits ultérieurs ont, sur ce point, justifié pleinement ses prévisions et sa prudence.

Reste la récidive en matière de délits. C'est précisément celle qu'a voulu réprimer la loi nouvelle. Mais ne semble-t-il pas au premier abord que, pour de simples délits, la transportation soit une peine trop grave et hors de toute proportion avec le but qu'il s'agit d'atteindre?

Telle est l'objection principale qui se dressait, pour ainsi dire, devant le législateur comme pour l'empêcher de poursuivre son œuvre. Fallait-il s'arrêter devant elle sans aller plus loin dans la voie où il s'était résolument engagé? C'est ce qu'il importe d'examiner.

La loi de 1854, on le sait, fut édictée sous la pression de nécessités fatales que la pratique avait révélées, et qui dénonçaient l'impuissance des cours d'assises pour réprimer la marche ascendante du crime. Eh bien! ce phénomène social se reproduit aujourd'hui pour les délits avec une intensité plus grande encore; et l'on peut constater aussi l'impuissance des tribunaux correctionnels en présence d'individus condamnés plusieurs fois par la justice et qui, pour recommencer leur vie d'aventures et de délits incessants, n'attendent que leur sortie de prison. Dans

les statistiques distribuées pour servir à l'étude de cette
question difficile, on constatait que 6,000 à 6,500 individus par an tomberaient sous le coup de la loi de transportation ; mais ces chiffres, vrais en 1880 et 1881,
étaient déjà dépassés en 1883. Aujourd'hui, pour n'être
pas au-dessous de la vérité, force serait de monter de
6,500 récidivistes à 8,000 ou même à 8,500. N'est-ce pas
là visiblement une progression effrayante qui sollicitait,
pour en arrêter le développement, des mesures promptes
et décisives ? (1)

S'il est d'ailleurs une idée, que le bon sens suggère et
qui ne saurait, dès lors, être contraire aux principes du
Droit criminel, c'est que la répression ne doit pas se mesurer seulement au rang qu'occupe un méfait dans la hié-
rarchie officielle des crimes et des délits, mais au degré
de perversité qu'il implique et au danger même qu'il fait
courir à la société. Dans ces conditions, pourquoi l'auteur
ou complice d'une banqueroute frauduleuse, par exemple,
d'un vol domestique, d'un meurtre par vengeance ou par
amour, serait-il plus à craindre ou moins digne de compas-
sion que l'habitué du vol, de l'attentat aux mœurs, de
l'abus de confiance et de l'escroquerie savamment combinée? Or, un seul fait qualifié crime mène aisément aux
travaux forcés ; et les travaux forcés, appliqués pour huit
années, entraînent l'expatriation perpétuelle ; et des délits,
cause trop fréquente de déshonneur et de ruine pour les
familles comme pour les individus, pourraient se répéter
indéfiniment sans ôter au coupable, après l'expiration de
sa peine, toute possibilité de reprendre froidement l'exercice de son métier funeste et le cours à peine interrompu
d'odieuses pratiques ! Voilà ce qui n'est pas admissible ; et
la conscience publique elle-même ne saurait comprendre

(1) V. *Journal officiel*, 1885. — Débats parlementaires. p. 1447.

des scrupules exagérés qui tendraient à rendre la transportation inapplicable en cette matière, alors qu'elle ne
menacerait, après tout, qu'une succession de délits choisis
parmi les plus graves et non point seulement un délit
isolé.

Mais les adversaires de la transportation n'ont pas désarmé. Les vives attaques, dont elle fut l'objet au Congrès
de Stockholm, se sont reproduites avec plus d'énergie dans
ces derniers temps ; et puisque nous recherchons avant
tout la vérité, ce nous est un devoir d'exposer fidèlement
les raisons sur lesquelles ils s'appuient encore pour combattre, comme intempestive et même nuisible, une solution
qui, de toute part, a été proclamée nécessaire et qui vient
d'obtenir une consécration officielle.

« La transportation, disent-ils, n'a rien à faire avec la
réforme pénitentiaire; ce n'est pas une peine, en effet; ce
n'est qu'un expédient.

» Il arrive pour les peuples parvenus à un certain degré
de civilisation un moment où la présence d'une multitude
de malfaiteurs incorrigibles, échappés ou sortis des prisons et des bagnes, constitue pour eux un danger intolé-
rable auquel leurs gouvernements cherchent à les soustraire. Enfermer ces gens dans une prison pérpétuelle
serait par trop dur et d'ailleurs impraticable. Que faire
pour s'en débarrasser?..... On possède par delà les mers
des colonies lointaines dont la population clairsemée est
trop faible et trop pauvre pour se plaindre et pour résister.
Il n'y a qu'à transporter là-bas tous ces malfaiteurs. Ils y
resteront par la force des lois ou par la force des choses.
Ils y deviendront ce qu'il plaira sans doute aux sauvages
de la contrée ou à la fièvre jaune. Quant à la mère-patrie
elle n'aura plus à s'occuper de ces enfants maudits qui la
gênent et qu'elle abandonne.

» Mais reculer un problème ce n'est pas le résoudre.

Pour être très avancé dans les grandes voies de la civilisation, un peuple ne sera jamais pénétré d'un égoïsme
assez brutal pour abandonner ses transportés sur une
plage déserte et ne plus s'en inquiéter. Si la colonie est
de date récente, la métropole devra pourvoir elle-même,
pendant de longues années, à tous les besoins des transportés. Si la colonie, au contraire, vit déjà de ses propres ressources, il faudra prendre toutes les mesures nécessaires pour protéger la population honnête et libre, la
fortifier et la développer. La colonisation, en un mot,
devra marcher de pair avec l'œuvre pénitentiaire ; et à
trois mille lieues de distance, la métropole sera dans la
nécessité d'exercer la même surveillance, la même police,
la même justice que sur son propre territoire. Or, tout
cela ne peut se réaliser qu'à grand renfort de millions ; et
quand il s'agit de nations, qui plient sous le poids écra-
sant de leur budget de dépenses, sera-t-il facile ou même
possible d'ajouter aux déficits croissants un fardeau devenu par trop lourd aux contribuables et tout-à-fait au-
dessus de leurs forces ?

» Ruineuse pour la métropole, la transportation ne l'est
pas moins pour la colonie. Est-ce bien le rôle des pays de
l'Europe que d'envoyer au sein de populations, privées
encore de leur part légitime dans les progrès de l'humanité, tout ce qu'il y a de plus abject, de plus pervers, de
plus immoral parmi leurs habitants ? A cette question, les
colonies anglaises ont depuis longtemps répondu. L'envoi
des convicts ne fut pas une des moindres causes de la
guerre d'indépendance aux Etats-Unis ; et en Australie il
a failli récemment, n'eût été la sagesse du gouvernement
anglais, amener une fatale séparation.

» Ainsi lorsque les colonies auxquelles on expédie ces
tristes convois sont assez fortes pour refuser un tel présent, la transportation ne s'y peut implanter. Il faut qu'elle

porte ailleurs son activité toujours impuissante, en laissant derrière elle, inutiles et improductives, les dépenses considérables qu'elle a rendues nécessaires. L'expédient en lui-même est donc de tous points désastreux.

» D'un autre côté, la transportation peut-elle atteindre le but moral, le but social que toute pénalité se propose? Il faudrait pour cela qu'elle présentât un des caractères essentiels de la peine et elle n'en peut offrir aucun. La peine doit s'efforcer d'amender le coupable : or, la transportation le plonge dans la promiscuité la plus dangereuse, d'abord dans les pontons du navire qui l'emmène et où, pendant de longs mois, il reste inoccupé; ensuite au sein même de la colonie, où la surveillance, la discipline et la répression ne peuvent jamais être ce qu'elles sont dans les pénitenciers de la métropole. En outre, l'esprit de révolte est sans cesse entretenu par la fréquence des évasions. Il y en a eu dont le retentissement prolongé pouvait assurément, par leur côté romanesque, surexciter des imaginations maladives, car elles se sont effectuées d'îles lointaines situées au milieu de l'Océan, entourées d'obstacles en apparence insurmontables. Accomplies dans de telles conditions, n'étaient-elles pas propres à compromettre l'autorité de l'administration plus que n'auraient jamais pu le faire les évasions accidentelles de l'enceinte des prisons du continent?

» Enfin, la peine doit être inflictive et par conséquent exemplaire. La transportation peut bien ajouter, pour les moins pervers, la douleur de l'exil à la perte de la liberté; mais elle n'inspire aucun effroi aux malfaiteurs de profession, aux incorrigibles qui quittent sans regret un pays où rien ne les attache, ni intérêts matériels, ni liens de famille, dont l'esprit aventureux se plaît aux perspectives d'un exil sous un ciel inconnu, et pour qui l'idée du châtiment disparaît devant les attraits d'un lointain voyage.

Il y a dans la transportation, dans les passions qu'elle développe chez les criminels, une cause permanente qui les pousse à commettre des crimes plus graves pour être bien sûrs de pouvoir goûter de la vie nouvelle réservée aux transportés. Cette objection a une force si considérable qu'il faudrait, même à défaut de toute autre, la considérer comme décisive. Est-elle fondée? On ne saurait, à cet égard, récuser ni l'exemple de l'Angleterre ni celui de la France. Il a été constaté, en Angleterre, qu'une augmentation progressive du chiffre de la criminalité avait été la conséquence de la transportation, et que la suppression de ce système et son remplacement par le travail pénal avaient été suivis d'une décroissance immédiate. En France, les pouvoirs publics ont dû reconnaître que plusieurs crimes, commis dans l'intérieur des prisons, avaient pour cause ou pour mobile le désir de substituer au régime de la maison centrale celui de la transportation ; et une loi est intervenue pour réprimer de tels écarts. N'est-ce pas la démonstration la plus évidente de cette vérité que la transportation ne remplit, par elle-même, aucune des conditions d'une bonne justice pénale et que l'épreuve qu'elle a déjà subie doit la faire rejeter de la législation des peuples civilisés? »

Il est vrai qu'en France une loi relative à la répression des crimes commis dans l'intérieur des prisons a été promulguée le 28 décembre 1850 ; mais de cela conclure à la non-exemplarité de la transportation et prétendre qu'elle n'intimide pas les condamnés, c'est, en vérité, pousser un peu loin l'abus du raisonnement. Sans doute, des individus retenus dans une maison centrale ont pu rechercher, en haine du régime qui leur était infligé, les circonstances aggravantes qui devaient les faire transporter sur des plages à leurs yeux hospitalières ; mais ces faits isolés, dont le législateur devait tenir compte, ne fut-ce que pour

en empêcher le retour et en arrêter au début la malfai-
sante propagation, semblaient revêtir un caractère exceptionnel qui ne permet pas de leur attribuer l'influence
redoutable qu'aurait eu peut-être leur fréquente reproduc-
tion. La vérité sur ce point officiellement constatée dans
les débats parlementaires, c'est que le projet de loi contre
les récidivistes les a terrifiés. Ainsi l'écrivait, dans un rapport transmis à M. le Ministre de l'intérieur, le directeur
de la maison centrale de Melun. Celui de Fontevrault,
plus explicite encore, s'exprimait ainsi : « Depuis que la
» loi sur la relégation des récidivistes est à l'étude, j'ai
» la certitude que beaucoup de repris de justice sont
» sortis du territoire afin d'en éviter les conséquences.
» On se tromperait étrangement si l'on supposait que la
» perspective d'être envoyé à 6,000 lieues de la métropole
» sans espoir d'y revenir, ne fera pas diminuer le nom-
» bre des récidivistes. Ces derniers, comme tous les
» Français du reste, tiennent au sol qui les a vu naître,
» malgré l'existence misérable qu'ils y ont menée le plus
» souvent. »

Et un peu plus loin :

« J'ai la certitude la plus complète que lorsqu'on saura
» dans les maisons centrales que la loi sur la relégation
» des récidivistes est rigoureusement appliquée, le nombre
» des malfaiteurs diminuera sensiblement. » (1)

Peut-on, après ces témoignages auxquels d'autres pourraient s'ajouter encore, prétendre que la transportation
n'a rien d'exemplaire et qu'elle n'exerce sur les repris de
justice aucune intimidation ? Ce serait mettre en avant
des preuves de la force de celles destinées à établir, en
raisonnant du particulier au général, que les évasions sont

(1) *Journal officiel*, année 1885. Débats parlementaires. Séance du
6 février au Sénat, p. 36 et 37.

à la fois plus fréquentes et plus faciles au millieu de l'immence océan qu'elles ne le sont dans les étroites prisons du continent ; et cela, parce que des évadés politiques ont eu la chance de tromper un jour la vigilance endormie de leurs gardiens et d'attirer, par leur équipée, l'attention générale surexitée par le retentissement de la presse.

De telles considérations ne sauraient être prises au sérieux. Il en est de même de celles puisées dans les dépenses causées par la transportation et devant, un jour ou l'autre, amener fatalement la ruine de la métropole. « Rien, a-t-on dit justement, ne coûte plus cher que le crime (1). » Par conséquent, le système qui diminue le plus la criminalité sera toujours le plus économique. Mais sans s'arrêter à cette observation profondément vraie, ne peut-on, en examinant les chiffres, arriver à cette conclusion, qu'on a beaucoup exagéré les dépenses de la transportation et qu'après tout elle n'augmenterait pas outre-mesure les sacrifices qu'il faudrait dans tous les cas s'imposer sur le continent si on ne veut point les subir dans les colonies ? La transportation, telle qu'elle est actuellement pratiquée en vertu de la loi du 30 mai 1854, coûte déjà, dit-on, plus de cent millions à la France ; qu'en sera-t-il après la mise à exécution de la loi nouvelle ? Mais ne faut-il pas tenir compte des dépenses qu'aurait occasionnées, dans la métropole, l'entretien des transportés pendant un temps égal à celui de leur transportation ? N'y a-t-il pas lieu de considérer aussi ce qu'aurait coûté, non pas à l'État seulement mais au pays lui-même, la récidive des forçats libérés ? Enfin n'est-il pas juste de mettre en balance la valeur des richesses créées par la transportation, non seulement autour du pénitentier, mais

---

(1) M. Michaux, au Congrès de Stockholm.

dans la colonie toute entière et aussi le bénéfice réalisé
par l'État sur le travail des condamnés ? L'argument tiré
de la dépense n'a, d'ailleurs, d'autre valeur que celle
empruntée à une situation destinée tôt ou tard à disparaître Que par ce temps de déficit les imaginations ébran-
lées envisagent avec effroi les charges nouvelles qui vien-
draient élargir encore le gouffre béant de la dette
publique, on le comprend. Mais si bientôt une politique
réparatrice parvient à rétablir l'équilibre du budget, à
féconder le travail national, à créer des richesses en
allégeant en même temps le poids trop lourd des impôts
quand il faut les prélever sur les ressources réduites
de chacun, que restera-t-il alors de l'argument ? Rien.
Il aura disparu nécessairement avec les circonstances
douloureuses qui l'avaient engendré.

Faut-il maintenant repousser l'accusation étrange des
adversaires de la transportation, la dénonçant à l'envi
comme la mise en œuvre coûteuse d'un procédé purement
empirique pour débarasser la métropole des malfaiteurs
qui l'encombrent ? Elle n'est pas mieux fondée, osons le
dire, que toutes les autres dont on a fait justice. Sur
qu'elle idée repose enfin le système de la transportation ?
Sur cette donnée justifiée par les faits qu'il est toujours
possible de triompher des tendances vicieuses d'un condamné, si incorrigible soit-il, quand on parvient à le
soustraire au milieu dans lequel ses instincts se sont
d'abord développés. En admettant qu'un condamné sorte
d'une maison centrale avec le ferme propos de ne plus
retomber dans ses anciennes fautes ; qu'il ne soit pas l'objet
d'une répulsion le rejettant presque fatalement dans le
crime ; qu'il trouve bientôt un emploi suffisamment lucratif,
ne devra-t-on pas craindre que ses bonnes dispositions ne
cèdent encore aux penchants, aux relations qui l'ont une
première fois égaré ? Que sera-ce donc s'il retombe sans

ressources et sans appui dans le milieu corrupteur où il a
d'abord vécu? Pour lui, la récidive sera forcée. Il ne peut
pas, le voulut-il, rester honnête La transportation le dérobe
à son passé, aux compagnons qui l'ont entraîné, aux occasions qui l'ont perdu. Elle le place dans un monde nouveau que lui-même va contribuer à créer et où personne
n'aura le droit de le rebuter ni de le flétrir ; dès lors, il
peut être honnête s'il le veut. Il peut même, comme le
disait un rapport publié par le Ministre de la marine,
fonder une famille. A cet homme, qui n'a souvent connu
dans la métropole d'autre abri que celui des bouges ou des
tripots, elle ouvre la perspective sereine de sasseoir un
jour au foyer domestique, entouré de sa femme et de ses
enfants. Voilà de quelle manière la transportation entend
le régénérer et en faire le pionnier d'une nouvelle société
coloniale. Qui pourrait contester la grandeur d'une telle
entreprise ?

Des faits incontestables justifient, du reste, les espérances qu'elle a fait naître. Un ancien directeur des grâces
au ministère de la justice (1) eut la pensée de chercher,
dans la période de 1867 à 1870, ce qu'étaient devenus un
certain nombre de transportés. Il écarta systématiquement
de ses relevés tous les condamnés qui n'appartenaient pas
à la classe des criminels d'habitude. C'est dire qu'il fit
porter exclusivement ses recherches sur des récidivistes
incorrigibles ; eh bien, dans des tableaux qu'il a dressés
et qui renferment des notices au nombre de 130, il les
montre pour la plupart, concessionnaires, bons maris,
bons pères exonérant l'État et relativement irréprochables,
dans un milieu social où personne n'a le droit de reprocher à son voisin son passé déshonorant (2).

(1) M. Babinet.
(2) V. Débats parlementaires au Sénat, séance du 7 février 1885.

7

Ces résultats, hâtons-nous de le dire, ne s'obtiennent que par le travail, qui est un élément de l'éducation de l'homme parce qu'il est une loi de la vie humaine. Or, le travail trop souvent impossible au repris de justice dans la mère-patrie où la société le repousse, lui devient facile dans les colonies où tout le sollicite et l'oblige à l'accepter courageusement et où lui-même l'embrasse souvent avec une résolution féconde.

« Un jour, toute une bande de galériens, qui avaient réussi à s'échapper d'un bagne autrichien des bords de l'Adriatique, vint s'abattre sur l'Isthme de Suez comme sur un Eden. C'était pendant les travaux de percement. Le consul d'Autriche les réclama. Mais on fit traîner l'affaire en longueur. Au bout de quelques semaines, le consulat d'Autriche n'avait d'autre occupation que d'expédier l'argent envoyé par ces braves gens à leurs parents pauvres, peut-être à leurs victimes. Le Consul alors fit prier instamment M. de Lesseps de les garder puisqu'il savait tirer deux un parti si excellent (1). »

Du reste, M. de Lesseps lui même avait déjà dit dans ses conférences : « Jamais je n'ai eu à me plaindre de mes travailleurs et j'ai pourtant employé des pirates et des forçats. Tous, par le travail, redevenaient honnêtes. On ne m'a jamais rien volé, pas même un mouchoir (2). »

Qui pourrait, en présence de ces faits, contester que la transportation, pratiquée avec un ensemble de mesures habilement concertées, ne puisse atteindre le but suprême au quel toute peine doit tendre l'amendement du coupable ? Et qui pourrait citer un système ayant jusqu'a ce jour plus complètement réussi ?

(1) Ce récit est extrait du discours de M. Renan, prononcé le 24 avril 1885, à l'Académie française, en réponse à celui de M. Lesseps, récipiendaire.

(2) V. Ibid.

Reste l'argument tirée de la suppression, dans les colonies anglaises, de la transportation des *convicts*. Disons d'abord que le gouvernement britannique persista dans l'application de ce système avec une véritable tenacité jusqu'au moment où il a été contraint de céder et que partout où il le pouvait sans rencontrer de résistances locales, aux Indes, par exemple, il l'a prudemment mais énergiquement maintenue. Il y a donc lieu de reconnaître que si la transportation a dû, sous la pression d'une opposition extérieure, disparaître en Angleterre, le système en soi n'y a jamais été condamné. « C'est d'ailleurs une loi sociale, comme le disait, avec une haute raison, M. de Holzendroff, au congrès de Stockholm (1), que plus la transportation obtient de succès économique et colonisateur, plus elle doit être abrégée dans sa durée historique. » C'est incontestable. La transportation ne peut marcher qu'à l'avant-garde de la civilisation ; dès qu'elle a marqué pour elle un nouveau champ d'expérience, elle doit quitter la place et porter plus avant ses investigations et ses efforts. Est-ce à dire que son œuvre soit vaine et qu'il n'en reste rien ? N'est-ce donc pas un avantage suffisant que d'avoir laissé derrière elle une colonie vivante et pleine d'avenir, qui ne la pousse en avant que lorsqu'elle est assez forte pour se passer de son appui ? A-t-elle été stérile l'œuvre de la transportation anglaise qui disparaît en laissant derrière elle l'Australie ? C'est à la transportation en effet que l'Australie doit son origine. Ce beau pays, en ce moment même le rendez-vous des peuples civilisés, ne voyait autrefois sur ses rivages que des bandes affamées de malfaiteurs repoussés par la mère-patrie. Ces malfaiteurs ont ouvert la voie, et la civilisation a pénétré dans

(1) *La science pénitentiaire au Congrès de Stockholm*, par M. Fernand Desportes et L. Lefebvre.

ces contrées désertes. Elle s'est avancée sur leurs traces, elle les a poussés devant elle; puis elle a fini par rougir de leur alliance, par souffrir de leur voisinage et par demander leur expulsion ; mais après tout la transportation n'a quitté l'Australie qu'après y avoir accompli son œuvre. Puisse-t-elle rendre le même service aux colonies françaises !

Cependant, l'idée de la transportation s'emparait des esprits et prenait possession dans notre pays de l'opinion publique. Une loi sur les récidivistes fut impérieusement réclamée et une pétition tendant à l'obtenir se couvrit promptement de plus de cinquante mille signatures. Bientôt une proposition fut présentée à la Chambre par M. le député Julien et plusieurs de ses collègues. « Nous » avons pensé, disaient-ils dans l'exposé des motifs, que » le vrai moyen de couper court à l'envahissement d'un » mal, dont la paresse est presque l'unique cause, était le » travail obligatoire. Nous sommes convaincus qu'éloi- » gnés du milieu social où ils se sont corrompus, mis en » présence de la nature et des nécessités brutales de la » vie, beaucoup d'entre les récidivistes pourront s'amen- » der. Nous sommes sûrs du moins qu'ils cesseront de » nuire. »

Cette proposition très sommaire, car elle se compose de trois articles seulement, disposait d'une part, que la transportation serait temporaire et, en outre, qu'elle se- rait facultative. La Chambre, sans se préoccuper encore du mérite de telles doctrines que plus tard elle devait répudier, prononça le renvoi à la commission chargée d'examiner aussi la proposition sur la transportation des récidivistes de MM. Waldeck-Rousseau et Martin Feuillée. Insuffisante peut-être, en ce sens que tous les problèmes soulevés par cette grave matière n'y sont pas résolus, celle-ci, du moins, indiquait avec précision les individus que la transportation à vie devait atteindre. Elle la rendait obligatoire quand, par la réitération de certains délits, ils avaient, dans un espace de temps déterminé, comblé la mesure au-delà de laquelle leur dépravation était légalement présumée dangereuse; et si la loi nouvelle, à laquelle la Chambre par un vote récent vient de donner une consécration définitive, n'a pas adopté toutes les dispositions énumérées dans ce projet, par exemple celle qui désigne la Nouvelle Calédonie pour le lieu de la transportation, il en est d'autres, comme la suppression de la surveillance de la haute police, que le législateur s'est appropriées, puisqu'il les a reproduites dans son œuvre.

Tout en édictant contre les récidivistes la transportation à vie, les auteurs de la proposition leur laissaient, à titre d'encouragement ou d'espérance, la faculté de rester en France après un délai de cinq ans, lorsque pendant ce temps ils avaient, par leur bonne conduite, attesté la sincérité du repentir. C'était un tempérament à la rigueur des principes. La Chambre, avec raison peut-être, ne l'avait pas d'abord adopté; on le retrouve, avec quelques modifications il est vrai, dans l'œuvre sénatoriale définitivement consacrée par le vote du Parlement.

Le Gouvernement intervint enfin, et il présenta, sur la relégation des récidivistes, un projet qui naturellement a servi de base, soit aux travaux de la commission à laquelle en fut renvoyé l'examen, soit aux discussions remarquables d'où sont sorties les dispositions de la nouvelle loi. L'exposé des motifs s'explique avant tout sur la substitution, dans le vocabulaire légal, de la relégation à la transportation. Une dénomination commune, y est-il dit, ne saurait être appliquée justement à des situations diverses; et le régime des libérés expatriés, fussent-ils délinquants d'habitude, doit se distinguer par consé-

quent de celui des condamnés à mort échappés par grâce
à l'échafaud ou du forçat qui a porté la livrée d'infamie.
D'ailleurs, le souvenir des discordes civiles ou des excès
du despotisme ne devrait-il pas faire oublier ces mots
odieux de déportation, de transportation, qui furent appliqués, dans des temps mauvais, à des hommes politiques
confondus avec des malfaiteurs, ou qui servirent trop
souvent à flétrir des égarés quand ils n'atteignaient pas
des victimes ? Le mot relégation prévient au contraire
toute assimilation fâcheuse et permet, ce qui n'est pas
sans avantage, d'exprimer un état nouveau dans une for-
mule nouvelle. Les questions, que notre matière soulève,
sont ensuite étudiées avec soin dans le document officiel.

Quelles seront les catégories de relégués ? En d'autres
termes quels seront les cas de relégation ? L'expatriation
sera-t-elle considérée comme une peine proprement dite
ou seulement comme la conséquence légale de certaines
condamnations encourues ? La relégation sera-t-elle obligatoire ou facultative ? Convient-il de déterminer une période de temps passée laquelle les relégués repentants
et transformés pourront solliciter leur réintégration en
France ? Enfin, n'est-il pas nécessaire que toute évasion
soit punie, et la punition ne devra-t-elle pas être subie sur
le territoire même de la relégation, afin que les relégués
ne trouvent que péril à enfreindre l'obligation de la résidence perpétuelle ? Tous ces points et d'autres encore,
nettement exposés avec les solutions qui en forment le
complément nécessaire, sont reproduits en grande partie
dans le projet qui fut déposé par la commission pour être
soumis aux délibérations de la Chambre. C'est ce travail
qu'il importe maintenant d'apprécier rapidement à l'aide
des discussions parlementaires.

Tout l'effort des partisans et des adversaires du projet
se concentra d'abord sur le point de savoir si la reléga-

tion serait obligatoire pour le juge ou seulement facultative. Il en devait être ainsi, car de la solution affirmative
ou négative du problème dépendait l'efficacité de la loi
contre la récidive ou son impuissance pour la prévenir ou
la réprimer.

La question fut tranchée par un vote presque solennel
qui fit de la relégation, dans des conditions déterminées,
une mesure obligatoire. Ainsi fut inscrite dans nos lois
criminelles une présomption légale en vertu de laquelle
tout prévenu, frappé par un certain nombre de condamnations le dénonçant comme incorrigible dans sa dépravation, devait être relégué. Cette décision, malgré son
apparente rigueur, mérite d'être approuvée.

Elle met d'abord obstacle aux décisions contradictoires
qui, dans le système facultatif, n'auraient pas manqué de
se produire ; car la variété des esprits devait aboutir fatalement à la diversité des sentences. Ici la fermeté des uns
n'aurait pas reculé devant l'application rigoureuse de la
loi, tandis que là, d'autres juges, plus cléments ou moins
courageux, auraient cherché des atténuations ou des pal-
liatifs dans les causes les plus compromises ; et bientôt,
au milieu de ces défaillances, l'hésitation aurait envahi
même les consciences les plus résolues au grand détri-
ment de la justice et du respect dont ses organes doivent
être entourés. Est-ce à dire que le magistrat se trouvera
dépouillé du droit d'apprécier les actes du condamné traduit de rechef à sa barre? Evidemment non ; car il pourra
librement écarter la menace suspendue sur la tête de ce
malheureux s'il juge, au vu des antécédents dont il doit
prendre connaissance, qu'il n'y a pas lieu, par exemple,
de prononcer un emprisonnement d'une durée suffisante
pour entraîner la relégation. Il reste donc toujours, après
comme avant la loi, maître souverain de la situation. Seulement, et c'est là le caractère essentiellement pratique de

la solution adoptée, le récidiviste, sachant bien qu'il n'y a plus pour lui d'alternative entre un nouvel emprisonnement dépassant une certaine limite et la relégation, qui en sera de plein droit la conséquence inévitable, réfléchira forcément à l'avenir qu'il se prépare ; et quoique ne croyant à rien et ayant jeté son mépris sur toutes choses, la réflexion l'amènera peut-être à redouter des prescriptions inflexibles, dont après tout il sera la victime, s'il s'obstine à n'en point vouloir mesurer l'étendue. En d'autres termes, la relégation de plein droit ne punira pas seulement la récidive, elle en préviendra le retour par la crainte qu'elle doit inspirer, ce qui sera pour la société la meilleure sauvegarde.

Sontibus unde tremor, civibus indè salus.

La relégation sera-t-elle à vie ou temporaire ? A quels délits sera-t-elle appliquée ? Les condamnations, entraînant ce châtiment de plein droit, seront-elles circonscrites dans un intervalle de temps déterminé ? Quel sera cet intervalle ?

Sur toutes ces questions, l'entente était facile. Il fut d'abord admis, sans contestation, que l'individu reconnu dangereux pour la société, devrait logiquement en être écarté par la relégation à vie. Les délits de vol, d'abus de confiance, d'escroquerie, d'outrage public à la pudeur, d'excitation habituelle de mineurs à la débauche, furent ensuite classés parmi ceux dont les auteurs devaient être atteints par cette mesure. Nul ne contesta, du reste, la nécessité de distinguer, en cette matière, l'accident de l'habitude. Qu'est-ce que la récidive en effet si ce n'est l'habitude du délit ? Et n'est-il pas de son essence qu'il y ait, entre les faits qui la constituent, une connexité morale résultant, non de leur similitude, mais de leur rapprochement ? Dès lors, peut-on considérer comme un habitué du délit celui qui laisse s'écouler entre deux fautes quinze ou vingt ans d'une vie sans reproches ? Il convient donc d'examiner, quand il s'agit d'établir la récidive correctionnelle, dans quel intervalle les délits ont été commis. Ce serait autrement s'exposer à faire entrer, dans la supputation des condamnations antérieures, des actes coupables sans doute, mais réparés par le repentir et, dans tous les cas, effacés par le temps.

En application de ces principes, il fut décidé que les condamnations encourues dans l'espace de dix années, compteraient seules pour la relégation. Elles devaient être au nombre de quatre et avoir entraîné, contre le coupable, au moins trois mois d'emprisonnement.

Il était impossible, dans la discussion d'une loi dirigée contre les récidivistes, de ne pas viser les vagabonds, parmi lesquels ils se recrutent presque tous, et qui en forment comme l'armée de réserve, chaque jour plus nombreuse et plus menaçante. La commission n'avait garde de l'oublier. Seulement, elle voulait innover ; et sous prétexte de compléter l'article 270 du Code pénal, qui définit le vagabondage avec une précision remarquable, elle avait imaginé d'assimiler aux individus dépourvus de moyens de subsistance, ceux qui tirent profit habituel de jeux illicites et prohibés, ou de la prostitution d'autrui sur la voie publique. L'intention pouvait être bonne s'il s'agissait uniquement de fixer la Jurisprudence par un texte précis, qui ne permit plus à des misérables d'alléguer leur métier honteux et les ressources inavouables qu'ils y puisent afin de se soustraire aux peines portées contre le vagabondage. Malheureusement, l'énumération limitative adoptée par la commission, en écartant les autres hypothèses, supprimait la liberté d'appréciation du juge et, par la force des choses, faisait admettre comme

excuse devant amener l'acquittement, toute autre source
de profits illicites et de gain immoral. Par exemple, elle
excluait la prostitution de soi-même, par cela seul qu'elle
désignait spécialement la prostitution d'autrui, suivant la
maxime : *qui de uno dicit negat de altero ;* c'était infir-
mer l'article 270, en diminuer la portée et en détruire
l'efficacité. C'était porter une main téméraire sur le Code
pénal, ce qu'il n'est permis de faire que pour des raisons
absolument décisives et quand la nécessité le commande,
jamais pour y introduire des théories nouvelles, même
avec la prétention de mettre plus de clarté en une matière où les tribunaux, après tout, n'éprouvent aucun em-
barras d'application. La Chambre le comprit, et le texte
de l'article 270 échappa, grâce aux efforts d'hommes pratiques et de bon sens (1), aux prétendues améliorations
qu'on voulait lui faire subir.

Le vagabondage, maintenu dès lors avec ses caractères
essentiels, fut une cause de relégation à vie, tantôt après
cinq condamnations, dont une au moins à trois mois d'emprisonnement, jointes à deux autres encourues pour les
délits déjà spécifiés, tantôt après six condamnations prononcées contre des vagabonds ou des mendiants, quand
ils étaient frappés aussi par trois mois d'emprisonnement au moins dans les conditions de gravité particulière
déterminées aux articles 276 et suivants du Code pénal.

Telles sont les dispositions principales du projet adopté
par la Chambre en seconde lecture. Il en est d'autres que
nous retrouverons dans la loi elle-même, où nous aurons
à signaler aussi de sérieuses modifications et surtout les

(1) Ce résultat fut obtenu, notamment, par MM. Andrieux et Ribot,
qui prirent, à cette discussion, la part la plus brillante et la plus
décisive.

(V. *Journal officiel*, Chambre des députés. — Débats parlementaires,
1883, p. 1462 et suivantes).

innovations introduites par le Sénat dans le texte légis-
latif.

De vives critiques s'élevèrent contre cette œuvre labo-
rieuse. La plupart relevaient du parti pris ; et celles-là
ne méritent pas qu'on les discute ; mais il faut avouer
que le reproche d'avoir dépouillé la relégation de tout
caractère pénitentiaire, n'est pas sans fondement. En
offrant aux relégués la vie libre dans une nouvelle patrie, avec des concessions de terre, des prêts d'argent
et le travail facultatif (1), on éveillait toutes les espérances, on attirait pour ainsi dire toutes les convoitises ;
et, dès lors, la relégation ne constituant plus une peine,
devenait une prime pour la récidive qu'elle devait anéan-
tir.

Ce n'est pourtant pas à ce point de vue que furent
dirigées contre le projet les dernières et vives attaques
d'une partie de l'Assemblée. On lui reprocha d'être au
contraire inflexible, draconien ; de constituer un essai,
une expérience et peut être une aventure ; de frapper
des catégories au lieu d'atteindre des individus, de décréter une sorte de perversité purement officielle, de supprimer les règles de la Justice distributive ; enfin de tenir aucun compte de la proportionnalité nécessaire,
indispensable entre la faute et le châtiment (2).

Tous ces reproches accumulés à la dernière heure,
avaient été déjà formulés en cour des débats et repoussés
éloquemment. Ils ont été de même suffisamment appréciés
dans ce travail. Inutile dès lors de nous attarder sur ces
points peut-être trop longtemps explorés. La Chambre, du

(1) V. art. 19 du projet adopté par la Chambre.
(2) Protestation de M. le député de Soland contre le projet. Séance
du 30 juin 1883.
V. *Journal officiel* (débats parlementaires), p. 1503.

reste, qui en avait discuté la valeur, ne s'y arrêta pas
d'avantage; et le projet, malgré ces protestations énergiques, fut voté par une majorité considérable (1), et
transmis au Sénat, où il a été de nouveau savamment
approfondi.

En rapprochant du projet adopté par la Chambre le
texte émané des délibérations de la haute Assemblée, on
trouve à la fois dans l'œuvre sénatoriale la pensée toujours présente de rendre plus difficile l'application de la
relégation aux récidivistes, même de diminuer les cas
pour lesquels les tribunaux devront la prononcer, et
aussi l'intention bien arrêtée, en se montrant rigoureuse
pour les relégués, de rassurer les populations au milieu
desquelles ils auront à subir leur peine. Ainsi, tandis que
d'après le vote de la Chambre un emprisonnement de
trois mois suffisait pour faire entrer en ligne de compte
toute condamnation appliquée aux délits spécifiés en vue
de la relégation, le Sénat ne s'en est point contenté ; car
il a voulu qu'un emprisonnement à plus de trois mois
pût seul amener ce résultat ; et lorsque, pour protéger les
campagnes trop souvent exploitées par les maraudeurs et les
vagabonds, la Chambre avait désigné la destruction ou dé-
gradation d'arbres ou de récoltes comme pouvant entraîner la relégation dans les conditions édictées par la loi,
le Sénat a purement et simplement rayé ce délit, comme
dépourvu de gravité, de la fatale nomenclature. Enfin,
le travail obligatoire, dont la Chambre ne s'était point
préoccupée, a été formellement inscrit dans le projet mo-
difié par le Sénat ; heureuse innovation qui, tout en enle-
vant aux habitants des pays choisis pour la relégation des
prétextes plus ou moins plausibles d'opposition à cette

(1) Le projet fut voté par 348 suffrages contre 80. Nombre de vo-
tants : 428. V. *Journal officiel*. Séance du 30 juin 1885.

mesure, aura pour résultat d'augmenter, s'il est possible, les chances d'amélioration morale en faveur des relégués.

On sait qu'une tentative de modification visant l'article 270 du Code pénal, échoua fort heureusement au Palais-Bourbon. Cette réserve pleine de sagesse ne pouvait qu'être approuvée au Luxembourg. Aussi, la définition si précise du vagabondage demeure-t-elle encore aujourd'hui dans les termes mêmes où elle a été formulée, enseignée et consacrée depuis longtemps par la doctrine comme par la pratique des tribunaux et des cours. Toutefois, on crut devoir ajouter, non plus à l'article 270, mais à celui de la présente loi qui détermine les cas où la relégation sera prononcée, une disposition additionnelle qui permet expressément de punir certains individus dangereux, non-seulement par la corruption qu'ils engendrent, mais aussi par les funestes exemples qu'ils propagent et par le grand nombre de délits et de crimes dont ils sont les auteurs, les promoteurs ou les complices. Dans ce but, il fut écrit au dernier paragraphe de l'article 4 : que « ceux qui tirent habituellement leur subsistances du « fait de pratiquer ou faciliter sur la voie publique l'exer- « cice des jeux illicites ou la prostitution d'autrui, seraient « considérés comme gens sans aveu, et punis des peines « édictées contre le vagabondage, qu'ils aient ou non « un domicile certain. »

L'auteur de la proposition (1), à laquelle le gouvernement crut pouvoir se rallier en la modifiant, voulait frapper les individus connus sous la dénomination de souteneurs. C'était net et sans ambages. Mais ce mot, qu'on imprime partout, dans les feuilles publiques, dans les livres, dans les dictionnaires les plus autorisés (2) et que tout le monde

(1) M. le sénateur Bozérian.

(2) V. notamment le *Dictionnaire de la langue française,* par E. Littré.

comprend, effaroucha la gravité sénatoriale. On se voila
la face ; et pour éviter le mot on voulut définir la chose ;
entreprise toujours périlleuse dont le moindre inconvé-
nient est de susciter des commentaires qui finissent toujours
par dénaturer la pensée du législateur en dépassant le
plus souvent le but qu'il voulait atteindre. Pourtant,
l'intention est excellente. Et sous la réserve de l'incon-
vénient signalé, c'est justice que d'y applaudir.

L'étude et la recherche des moyens propres à combattre efficacement la récidive, devaient amener naturellement le législateur à s'occuper de la surveillance de la
haute police. En 1874, au sein de l'Assemblée nationale,
il avait été constaté déjà que cette peine accessoire
plaçait le surveillé dans l'impossibilité de chercher
dans le travail des moyens honnêtes de pourvoir aux
besoins de la vie; que les mesures dont il était l'objet,
en révélant les fautes commises et les châtiments encou-
rus, suscitaient autour de lui la crainte et la défiance,
sinistres conseillères dont les suggestions faisaient interdire à ces malheureux l'accès de tous les ateliers et les
conduisaient ainsi fatalement à la rupture de ban et au
vagabondage. L'Assemblée toutefois aurait craint, en
supprimant la surveillance, de livrer la société sans défense
aux entreprises criminelles d'hommes en général pervertis
et de compromettre ainsi gravement la sécurité publique.
En conséquence, elle édicta la loi du 30 janvier 1874,
dont un orateur éminent a pu dire : « Qu'elle avait été
conçue dans un esprit libéral et humain et qu'elle cons-
tituait un véritable progrès. » (1) Supprimer, en effet,
toute perpétuité dans la peine ; en ramener le maximum
à une durée de vingt années ; investir le Juge, même

(1) Jules Favre. V. *Collection complète de lois*, par Duvergier.
Année 1874, notes, p. 9.

dans les cas les plus graves, du pouvoir de la diminuer encore et même de l'effacer absolument ; lui faire, en outre, un devoir, lorsque l'arrêt ou le junement ne contenait pas dispense ou réduction de la surveillance, de mentionner à peine de nullité qu'il en avait été délibéré, n'était-ce pas là vraiment inaugurer des maximes sagement progressives et en tous points réparatrices ? Ces améliorations pourtant n'ont pas été jugées suffisantes en 1885 et la loi nouvelle sur les récidivistes a supprimé dans son texte la surveillance de la haute police (1). Seulement il est fait défense au condamné de paraître dans les lieux dont l'interdiction lui sera signifiée par le gouvernement, avant sa libération. Que faut-il penser de ce nouveau système ? Est-il ou non préférable à celui qu'en 1874 on avait salué comme un progrès notable en matière pénale ? « *That is the question,* » pourrait-on dire en empruntant une location étrangère ; et peut-être serait-il opportun d'ajouter que la prudence conseillait d'attendre, avant toute innovation, que le temps et la pratique, éclairés par l'exacte application de la loi de 1874, eussent à l'envi signalé les modifications devenues nécessaires. Mais il ne faut pas oublier que nous sommes en France ; et que dans ce pays où chaque changement est constance, comme parle Montesquieu, une loi qui remonte au 30 janvier 1874, est déjà classée parmi les vieilleries qu'il importe de renouveler.

D'après le projet adopté par la Chambre, la relégation devait résulter uniquement des condamnations prononcées par les cours et tribunaux ordinaires, à l'exclusion de toutes juridictions spéciales et exceptionnelles. Au Sénat, cette disposition fut maintenue. Il en devait être ainsi, sous peine de méconnaître des règles tutélaires depuis

(1) V. art. 19, § 2 de la loi du 28 mai 1885, sur les récidivistes.

longtemps incontestées. Toutefois, dans un paragraphe additionnel à l'article où ce principe était écrit (1), il fut inséré qu'il « pourrait » être tenu compte des condamnations prononcées par les tribunaux militaires et maritimes, en dehors de l'état de siège ou de guerre, pour les crimes ou délits de droit commun spécifiés, est-il dit, « à la présente loi. »

Les conseils de guerre permanents des divisions territoriales et des arrondissements maritimes mériteraient, en effet, eu égard aux garanties que présente leur composition et à la haute prudence qui distingue en général leurs décisions, d'être considérés comme des tribunaux ordinaires. Cette juridiction, il est vrai, n'embrasse dans sa compétence qu'une catégorie de personnes déterminées.; mais elle atteint les crimes et délits de toute nature commis par les individus qui lui sont temporairement soumis. De plus, son caractère de permanence, en temps de paix, dans les régions militaires territoriales, et surtout son organisation parfaitement régulière et normale, la séparent profondément des tribunaux extraordinaires établis seulement en cas de guerre ou d'état de siège et que le Code militaire appelle les conseils de guerre aux armées. Sous ce rapport, la disposition additionnelle s'explique si elle ne se justifie pleinement. Ce n'est donc pas à ce point de vue que de justes critiques pourraient être adressées au Sénat. Mais ce qu'il doit être permis de lui reprocher, c'est qu'après avoir consacré le principe obligatoire à la suite d'une discussion décisive, il n'ait pas craint d'introduire dans la loi le principe facultatif qui en est la négation absolue et de détruire de la sorte l'harmonie nécessaire surtout dans une œuvre de cette nature. On a bien dit, à l'appui de cette innovation malencontreuse, qu'à la

(1) Article 2 de la loi du 28 mai 1885.

différence des tribunaux ordinaires, les conseils de guerre
permanents étaient forcés de se préoccuper, à propos de
la répression, non pas seulement du fait en lui-même,
mais avant tout et principalement de l'honneur de l'armée
qu'il importe de sauvegarder à tout prix, même par les
condamnations les plus sévères, ce qui met obstacle à ce
qu'on leur accorde, relativement à la relégation, une influence égale à celle attribuée aux condamnations éma-
nées des tribunaux ordinaires (1). Soit ; mais alors pourquoi parler des tribunaux militaires? Pourquoi ne pas
imiter sur ce point la réserve gardée dans le projet adopté
par la Chambre des députés? Cela, dans tous les cas, eut
mieux valu que de proclamer tour à tour des règles
opposées et des maximes contradictoires qui donnent
au juge la faculté d'assumer la responsabilité de la sen-
tence ou de l'écarter à son gré, même de se substituer ou
non à la volonté du législateur, suivant la nature de la
juridiction qui aura prononcé sur le passé de l'homme
traduit à sa barre (2).

Quoi qu'il en soit, telle est la loi. Nous en connaîtrons
désormais toutes les dispositions essentielles si nous ajou-
tons que la relégation ne saurait atteindre les individus
âgés de plus soixante ans ou de moins de vingt et un ;
que le jugement ou l'arrêt de condamnation devra la prononcer en même temps que la peine principale ; qu'il
visera les condamnations antérieures cause nécessaire de
l'application de cette mesure ; que les formes édictées
par la loi sur les flagrants délits (3) seront proscrites,

(1) M. de Verninac, rapporteur au Sénat de la loi sur les récidivistes.
V. *Journal officiel*. Séance du 10 février 1885, p. 81.

(2) V. M. Léon Renault. *Journal officiel*. Séance du 10 février 1886,
p. 93.

(3) Loi du 20 mai 1863.

8

toutes les fois qu'une poursuite devant un tribunal correctionnel sera de nature à entraîner la relégation ; que dans ce cas et à peine de nullité, un avocat sera donné d'office au prévenu ; qu'enfin, à la différence des condamnations qui auront fait l'objet de grâces, commutations ou réductions de peines, celles effacées par la réhabilitation ne seront point comptées en vue de la relégation (1).

Ces dispositions diverses se trouvent écrites à la fois dans le projet sorti des délibérations de la Chambre, comme dans celui voté par le Sénat et qui est devenu le texte même de la loi nouvelle en vertu de l'adoption législative. Toutes sont conformes aux saines doctrines et ne sauraient rencontrer dès lors qu'une formelle approbation.

Il en est de même de celle qui refuse sagement aux condamnations pour crimes ou délits politiques, de pouvoir être comptées pour la relégation (2). Seulement, en ajoutant ces mots : « et pour crimes et délits qui leur seront connexes, » il est à craindre que, par une application exagérée d'un principe incontestable en soi, le législateur n'ait enveloppé dans une même protection des délits et des crimes de droit commun. Ceux-ci, pour être connexes aux termes de l'article 277 du Code d'instruction criminelle très large en ce point, pourraient, en effet, n'être pas indivisibles ; car la connexité, dans le langage légal, n'est pas l'indivisibilité (3). Si donc, ils peuvent être distincts et séparés des crimes et délits politiques, pourquoi leur accorder une égale immunité ? N'est-ce pas s'exposer à laisser impunis des crimes de

(1) V. articles 5, 6, 10, 11. Loi du 28 mai 1885.

(2) Article 3 de la loi du 28 mai 1885.

(3) M. de Gavardie. Débats parlementaires. Séance du 10 février 1885. *Journal officiel*, p. 84.

droit commun très odieux et auxquels devrait être, par conséquent, appliquée la plus sévère répression ?

Dans quelles colonies lointaines sera effectuée la relégation ?

A cette question, la Chambre avait répondu, dans l'article 14 du projet, en désignant la Nouvelle-Calédonie et ses dépendances, îles les Marquises, l'île Phu-Quoc et la Guyanne. Au Sénat, tous ces lieux après avoir été l'un après l'autre savamment explorés, furent en fin de compte successivement repoussés. Aucun d'eux, pas même la Guyanne indiquée la dernière ne trouva grâce après discussion devant la haute Assemblée. Un de ses membres, s'emparant de l'avis du conseil supérieur de salubrité, ne craignit pas d'avancer que, « sauf l'îlot de Cayenne, la Guyanne toute entière, depuis le Maroni jusqu'au territoire contigu, n'était qu'un vaste marais dans lequel les Européens ne peuvent ni travailler, ni vivre, ajoutant que depuis un demi-siècle les essais de transportation n'avaient abouti qu'à des désastres (1). »

De telles affirmations, appuyées sur une autorité respectable, étaient de nature à compromettre le succès même du projet qui en fut un instant ébranlé. Mais comme il arrive presque toujours en pareil cas, la querelle finit par une transaction. « Nous n'interdisons pas, dit alors un membre de la commission, la Guyanne pas plus que tout autre colonie. Nous autorisons le gouvernement à placer les établissements de relégation au mieux des intérêts du service. Les lieux seront déterminés par des règlements d'administration publique, suivant les besoins et les nécessités que l'expérience aura démon-

___

(1) M. Emile Labiche. Débats parlementaires. V. *Journal officiel*, séance du 8 février 1885, p. 62.

trés (1). » Ce biais habile, qui soulageait les consciences inquiètes, parut à tous d'une admirable sagesse. Il fut adopté sans soulever la plus légère protestation et prit sa place définitive dans l'article premier de la loi.

Mais une loi nouvelle sur les récidivistes était-elle absolument nécessaire? Cette question, si souvent débattue à la tribune et dans la presse, le Ministre de l'Intérieur, en présence de certaines hésitations, la posait lui-même au Sénat dans le cours de la discussion à laquelle il prit la plus large part. « Si vous n'admettez pas, disait-il, ce qui » est le résultat de l'observation à laquelle se sont livrés » tous les criminalistes et ceux qui ont vu les prisons de » près, qu'il y a des hommes à l'égard desquels les » peines actuelles de nos codes s'émoussent et sont frap- » pées d'impuissance; si vous ne croyez pas qu'il y ait des » incorrigibles... ne faites pas une loi sur la relégation, » puisqu'elle procède de cette pensée que vis-à-vis d'une » certaine catégorie de personnes il faut une autre peine » et une nouvelle législation... (2) » Cette opinion du Ministre était partagée sur les bancs les plus opposés de l'Assemblée comme dans les rangs les plus divisés du journalisme. « Je reconnais, avec tous ceux de nos collè- » gues qui ont pris part à la discussion, disait un séna- » teur éminent de la droite (3), je reconnais, avec eux, que » la société n'est pas suffissamment protégée aujourd'hui » contre les malfaiteurs d'habitude, contre les criminels » endurcis; je crois qu'une protection plus efficace lui est » indispensable. Notre devoir est de la lui assurer. » Et,

(1) *Journal officiel*. Débats parlementaires. Séance du 8 février 1885.

(2) M. Waldeck-Rousseau. Séance du 10 février 1885. Débats parlementaires. V. *Journal officiel*, p. 90.

(3) M. Buffet. Séance du 8 février 1885. Débats parlementaires. *Journal officiel*, p. 64.

d'une autre partie de l'Assemblée, un orateur s'écriait :
« La société use-t-elle d'un droit quand elle arrête les
» mesures commandées par le soin de sa légitime défense,
» et viole-t-elle la justice quand elle édicte des peines
» contre ceux qui sont une menace permanente pour ses
» intérêts matériels et sa propre sécurité ? (1) »

« Nous avons dans l'Afrique équatoriale, écrivait à son
» tour un publiciste en renom, dans une feuille conser-
» vatrice (2), des colonies spacieuses où les bras man-
» quent et où l'on ne craint pas d'envoyer officiers et
» soldats sans se préoccuper de savoir si le climat est
» malsain pour eux. Qu'on y transporte donc ces milliers
» de bandits qui seront pour Paris une menace éternelle
» jusqu'au jour où, sous la surveillance d'hommes éner-
» giques et hardis, ils traceront et feront des routes à
» travers les solitudes du Sénégal et du Gabon. »

On lisait enfin dans la *République française* quelques
jours après le crime de la rue de Sèze : « Ne sen-
» tirait-on pas la nécessité de prendre une résolution
» énergique et de voter la loi libératrice qu'on pro-
» mène depuis trois ans de l'une à l'autre Chambre ? Il
» ne s'agit de rien moins que de conjurer un danger
» public. Plus il y a de récidivistes laissés en liberté sur
» le pavé de Paris, plus il se commet d'assassinats. » On
essayerait en vain de taxer ces plaintes d'exagération
après les nouveaux attentats dont les récidivistes se sont
rendus coupables et qui, trop justement, hélas ! ont porté
l'épouvante dans la capitale et dans la France entière.......
Récidiviste, en effet, Marchandon, voleur et débauché,
sortant à peine de la maison centrale de Poissy et com-
mettant de nouveaux méfaits au château de la Rochette,

_____

(1) M. Ninard. *Débats parlementaires*. Séance du 8 février 1885.
Journal officiel, p. 68.

(2) Jean de Nivelle. V. *Le Soleil*, n° 30, vendredi, 30 janvier 1885.

près de Melun, au château de la Buissière près de Montargis; plus tard, à la rue Bonaparte chez le D^r de La Charrière et couronnant le tout par l'horrible assassinat de la malheureuse Mme Cornet, dans la nuit funeste du 16 avril 1885 (1). Récidiviste aussi, ce Mielle, perdu de mœurs, livré d'habitude à d'infâmes débauches, pensionnaire de Clairvaux, où il venait d'expier pendant deux longues années des vols audacieux et qui, le lundi 28 avril 1884, terminait sa carrière honteuse par l'assassinat d'un marchand de vollailes dont il avait découpé le cadavre et raccourci les membres dans le dessein de les renfermer dans un étroit espace afin de pouvoir plus aisément le livrer aux hasards du fleuve, où il espérait ensevelir avec le corps de sa victime les preuves de son crime (2). Récidivistes encore, Mayer et Gaspard, voleurs audacieux quoique jeunes, avant de devenir les égorgeurs du père Delaunay. Le vieux menuisier de la rue d'Angoulême était pourtant, malgré ses soixante-quatorze ans, capable de vie et de travail; mais il avait quelque argent et on lui en supposait plus encore. Sa mort fut décidée ; et le 20 février 1885 vers les quatre heures du soir dans son atelier même, il tombait frappé cruellement et à plusieurs reprises par les mains implacables de ses deux assassins qui finirent leur horrible besogne en lui transperçant le cou de la lame d'un couteau dont la pointe acérée s'enfonça dans le parquet (3).

Récidiviste, Gagny, l'assassin de la Gloire-Dieu, dont la tête roulait, le 2 juillet 1885, sur l'échafaud dressé derrière les prisons de Troyes en expiation du triple crime qu'il avait, avec l'aide d'Arnould son complice, perpétré

---

(1) Cour d'assises de la Seine, session de juin 1885.
(2) Cour d'assises de la Seine, audience du mercredi 4 mars 1885.
(3) Cour d'assises de la Seine, audiences du 19 et 20 juin 1885.

coup sur coup dans la nuit du 21 janvier dernier, laissant
derrière lui trois cadavres, celui de M. Delahache qu'il
avait étendu raide mort, le crâne fendu d'un coup formi-
dable de sa canne à boule de plomb, celui de la domestique,
Célestine Beauvallet, robuste fille de vingt ans qui fut
étranglée sans pitié, celui de madame Delahache mère,
dont l'âge et la paralysie auraient excité la pitié d'autres
hommes, et qui mourut étouffée par la même main san-
glante qui venait de tuer son fils (1). Récidivistes enfin,
Gamahut, Marquelet et Fèvre, le meurtrier de Bagnolet,
qui précipita dans un puits le cadavre de Giroux après
avoir immolé le vieillard, qu'il croyait possesseur d'un
trésor, à sa soif insatiable d'argent. J'en passe... la
liste serait trop longue. Aussi-bien, la cause est entendue
et la preuve est rapportée. Oui, ce n'est que trop certain,
il y a des criminels d'une nature incorrigible que rien
n'arrête, que rien n'intimide, que rien n'assouvit. S'il
peut être permis d'espérer un jour chez ces hommes
quelque amélioration, ce ne sera que sous d'autres cieux,
loin du théâtre de leurs crimes et quand ils seront séparés
à jamais du milieu malsain où ils rencontraient, pour
l'accomplissement de leurs sombres projets, des compagnons toujours prêts et des complices sans remords.

Donc, la relégation des récidivistes s'imposait aux
pouvoirs publics et aux assemblées parlementaires. Mais
cette relégation, il fallait pour la rendre efficace, l'accepter
franchement avec les conditions qui lui sont propres, qui
sont inhérentes à sa nature, qui découlent en un mot des
principes sur lesquels elle se fonde. Or, il est de principe,
en cette matière, qu'il ne faut laisser aux relégués aucun
espoir de retour dans la patrie. A ce prix seulement on
peut conserver à cette mesure son caractère essentiel d'in-

(1) Cour d'assises de l'Aube, audiences des 15 et 16 mai 1885.

timidation qui en fait, à un degré supérieur, une peine
hautement préventive, et maintenir son excitation forcée
au travail, seule école de mœurs pour le condamné.

Pourtant, le Sénat s'écartant de cette règle salutaire
et s'éloignant aussi du projet voté par la Chambre, a
voulu, par une innovation regrettable, introduire dans le
texte de la loi une disposition en vertu de laquelle « le
» relégué pourra former, à partir de la sixième année de
» sa libération, une demande en justice tendant à se faire
» relever de la relégation en justifiant de sa bonne con-
» duite, des services rendus à la colonisation et de
moyens d'existence. (1). » Par là, selon nous, il a dépouillé
la loi de toute son énergie et de sa vertu préservatrice.
Il l'a désarmée en quelque sorte par un sentiment excessif
d'humanité mal comprise. Les repris de justice, surtout
les jeunes gens de dix-sept à vingt-trois ans, qui infestent
Paris et les grandes cités, ne craignaient rien tant que
la relégation ; mais dès qu'ils auront la perspective de
pouvoir, un jour ou l'autre, échapper à ses conséquences
redoutables, toute influence sera désormais impuissante à
s'exercer utilement sur ces natures rebelles. La loi ne sera
plus exemplaire et le but qu'elle se proposait ne sera pas
atteint. L'honorable rapporteur a bien dit, il est vrai :
« Nous prononçons une condamnation sévère, mais nous
» ne fermons pas la porte à jamais. Nous laissons au
» relégué la possibilité de se réhabiliter par le travail et
» de revoir son pays. Nous avons pensé que c'était humain,
» profondément humain; et que c'était peut-être la meil-
» leure manière de solliciter les condamnés à s'amender
» si cela leur est possible (2). » Eh! bien ce sont là les

(1) Article 16 de la loi sur les récidivistes.
(2) Voyez débats parlementaires de 1885, au Sénat. Séance du 10
février. — *Journal officiel*, p. 87.

illusions de l'honnête homme abusé. Mais on chercherait
en vain dans ces paroles l'expression du sentiment calme
et réfléchi du criminaliste.

Il est un autre reproche qui pourrait encore être
adressé justement au législateur de 1885 ; c'est d'avoir, en
multipliant les renvois à l'administration des principales
difficultés et des solutions qu'elles comportent, déserté sa
grande mission d'initiative pour en investir le Conseil
d'Etat. On conçoit qu'après avoir posé les principes et
déterminé d'une manière complète et précise les règles
afférentes à une matière, la loi se désintéresse de certains
détails dont l'exposé ne ferait qu'encombrer inutilement
son texte, sans profit pour la clarté de ses dispositions ;
par exemple, pour ne pas sortir de notre sujet, qu'un règlement d'administration publique intervienne pour l'organisation des pénitenciers mentionnés en l'article 12, et
aussi pour établir le régime et fixer la discipline des chantiers où ceux qui n'auraient ni moyens d'existence ni engagements seront astreints au travail ; mais les conditions
morales et matérielles de la relégation, les lieux dans lesquels elle pourra s'effectuer, ses conséquences juridiques,
comme l'étendue des droits de l'époux survivant, des héritiers ou des tiers intéressés sur les terrains concédés aux
relégués (1), tout cela touche, de près ou de loin, à l'intérêt social et, par certains côtés, à l'intérêt supérieur de
la liberté humaine. Or, est-il admissible que ce double intérêt soit remis simplement aux soins pour ne pas dire à
l'arbitraire de l'administration ? Et agir de la sorte, n'est-ce
pas éluder les questions pour ne pas les résoudre et se dé-
charger, en présence de graves devoirs qui s'imposent, de
la responsabilité qui fait après tout la grandeur des assemblées, comme elle fait l'honneur des individus ? D'ail-

(1) Voyez art. 1 et 18 de la loi du 28 mai 1885.

leurs, ainsi que l'écrivait naguère un jurisconsulte, dont
l'opinion acquiert chaque jour une nouvelle autorité, « le
» régime des décrets est essentiellement instable et fra-
» gile, tandis que le règne de la loi est durable et perma-
» nent » (1).

C'est donc à la loi seule qu'il appartient d'édicter des
mesures exceptionnelles et d'en régler même, d'une manière générale, la parfaite exécution.

Il ne reste plus maintenant, après cette trop longue
étude, qu'à se demander si la loi sur les récidivistes est
susceptible, malgré les imperfections signalées, de produire quelque bien. Oui, dirons-nous sans hésiter, si, re-
nonçant enfin à proscrire l'idée et le nom de Dieu, « trop
» souvent bannis aujourd'hui par des procédés dont
» le sentiment religieux s'offusque moins que le bon
» sens » (2), on se souvient de ce mot si profond d'un
grand historien « que le catholicisme a été la plus grande
» école de respect qu'on ait jamais connue, et aussi la
» plus grande école de discipline » (3). Alors peut-être la
raison et l'intelligence de l'homme, soutenues dans les
périls que le cœur lui suscite, se tourneront vers ce qui
est bon ; et il sera permis d'entrevoir, même au sein d'un
monde égoïste, le jour où la passion et la contagion du
dévouement viendront se substituer aux appétits féroces
et à toutes les convoitises qui, dans notre société malade,
engendrent les crimes dont nous gémissons. Mais si on
persiste à vouloir mettre à la place des préceptes divins
la froide abstraction de la morale dite sociale ; si l'on prétend mener les générations à l'aide d'une métaphysique

(1) Ambroise Rendu. Article inséré dans le *Soleil* du 2 juin 1885.
(2) Mᵍʳ Perraud à l'Académie française. Réponse au discours de
M. Duruy.
(3) Guizot.

stérile, lorsqu'il faudrait les entraîner dans la voie des
généreux sacrifices que la foi seule peut inspirer, toutes
les lois demeureront impuissantes pour conjurer le mal.
On devra, bon gré malgré, constater au contraire le
progrès toujours croissant d'une démoralisation précoce
passant des idées dans les faits. La jeunesse continuera de
se corrompre, et l'homme fait de marcher résolument dans
le chemin du vice. La récidive ira, de son côté, toujours
grandissant; et qu'attendre alors qu'une prochaine et inévitable dissolution?...

LOI SUR LES RÉCIDIVISTES

Du 28 mai 1885.

Article premier. — La relégation consistera dans l'interne-
ment perpétuel sur le territoire de colonies ou possessions françaises des condamnés que la présente loi a pour objet d'éloigner
de France.

Seront déterminés, par décrets rendus en forme de règlement
d'administration publique, les lieux dans lesquels pourra s'effectuer la relégation, les mesures d'ordre et de surveillance
auxquelles les relégués pourront être soumis par nécessité de
sécurité publique, et les conditions dans lesquelles il sera
pourvu à leur subsistance, avec obligation du travail à défaut
de moyen d'existence dûment constatés.

Art. 2. — La relégation ne sera prononcée que par les cours
et tribunaux ordinaires comme conséquence des condamnations
encourues devant eux, à l'exclusion de toutes juridictions spéciales et exceptionnelles.

Ces cours et tribunaux pourront toutefois tenir compte des
condamnations prononcées par les tribunaux militaires et mari-

times en dehors de l'état de siège ou de guerre, pour les crimes ou délits de droit commun spécifiés à la présente loi.

Art. 3. — Les condamnations pour crimes ou délits politiques ou pour crimes ou délits qui leur sont connexes ne seront, en aucun cas, comptés pour la relégation.

Art. 4. — Seront relégués les récidivistes qui, dans quelque ordre que ce soit et dans un intervalle de dix ans, non compris la durée de toute peine subie, auront encouru les condamnations énumérées à l'un des paragraphes suivants :

1° Deux condamnations aux travaux forcés ou à la relégation, sans qu'il soit dérogé aux dispositions des paragraphes 1 et 2 de l'article 6 de la loi du 30 mai 1854 ;

2° Une des condamnations énoncées au paragraphe précédent et deux condamnations, soit à l'emprisonnement pour faits qualifiés crimes, soit à plus de trois mois d'emprisonnement pour :

Vol ;

Escroquerie ;

Abus de confiance ;

Outrage public à la pudeur ;

Excitation habituelle des mineurs à la débauche ;

Vagabondage ou mendicité par application des articles 277 et 279 du Code pénal ;

3° Quatre condamnations, soit à l'emprisonnement pour faits qualifiés crimes, soit à plus de trois mois d'emprisonnement pour les délits spécifiés au paragraphe 2 ci-dessus ;

4° Sept condamnations, dont deux au moins prévues par les deux paragraphes précédents, et les autres, soit pour vagabondage, soit pour infraction à l'interdiction de résidence signifiée par application de l'article 19 de la présente loi, à la condition que deux de ces autres condamnations soient à plus de trois mois d'emprisonnement.

Sont considérés comme gens sans aveu et seront punis des peines édictées contre le vagabondage, tous individus qui, soit qu'ils aient ou non un domicile certain, ne tirent habituellement leur subsistance que du fait de pratiquer ou faciliter sur la voie publique l'exercice de jeux illicites, ou la prostitution d'autrui sur la voie publique.

Art. 5. — Les condamnations qui auront fait l'objet de grâce, commutation ou réduction de peine seront néamoins comptées en vue de la relégation. Ne le seront pas celles qui auront été effacées par la réhabilitation.

Art. 6. — La relégation n'est pas applicable aux individus qui seront âgés de plus de soixante ans ou de moins de vingt et un ans à l'expiration de leur peine.

Toutefois, les condamnations encourues par le mineur de vingt et un ans compteront en vue de la relégation, s'il est, après avoir atteint cet âge, de nouveau condamné dans les conditions prévues par la présente loi.

Art. 7. — Les condamnés qui auront encouru la relégation resteront soumis à toutes les obligations qui pourraient leur incomber en vertu des lois sur le recrutement de l'armée.

Un règlement d'administration publique déterminera dans quelles conditions ils accompliront ces obligations.

Art. 8. — Celui qui aurait encouru la relégation par application de l'article 4 de la présent loi, s'il n'avait pas passé soixante ans, sera, après l'expiration de sa peine, soumis à perpétuité à l'interdiction de séjour, édictée par l'article 19 ci-après.

S'il est mineur de vingt et un ans, il sera, après l'expiration de sa peine, retenu dans une maison de correction jusqu'à sa majorité.

Art. 9. — Les condamnations encourues antérieurement à la promulgation de la présente loi seront comptées en vue de la relégation, conformément aux précédentes dispositions. Néanmoins, tout individu qui aura encouru avant cette époque des condamnations pouvant entraîner dès maintenant la relégation, n'y sera soumis qu'en cas de condamnation nouvelle dans les conditions ci-dessus prescrites.

Art. 10. — Le jugement ou l'arrêt prononcera la relégation en même temps que la peine principale ; il visera expressément les condamnations antérieures par suite desquelles elle sera applicable.

Art. 11. — Lorsqu'une poursuite devant un tribunal correctionnel sera de nature à entraîner l'application de la relégation, il ne pourra jamais être procédé dans les formes édictées par la loi du 20 mai 1863 sur les flagrants délits.

Un défenseur sera nommé d'office au prévenu à peine de nullité.

Art. 12. — La relégation ne sera appliquée qu'à l'expiration de la dernière peine à subir par le condamné. Toutefois, faculté est laissée au gouvernement de devancer cette époque pour opérer le transfèrement du relégué.

Il pourra également lui faire subir tout ou partie de la dernière peine dans un pénitencier.

Ces pénitenciers pourront servir de dépôt pour les libérés qui y seront maintenus jusqu'au plus prochain départ pour le lieu de relégation.

Art. 13. — Le relégué pourra momentanément sortir du territoire de relégation en vertu d'une autorisation spéciale de l'autorité supérieure locale.

Le ministre seul pourra donner cette autorisation pour plus de six mois ou la réitérer.

Il pourra seul aussi autoriser à titre exceptionnel et pour six mois au plus le relégué à rentrer en France.

Art. 14. — Le relégué qui, à partir de l'expiration de sa peine, se sera rendu coupable d'évasion ou de tentative d'évasion, celui qui, sans autorisation, sera rentré en France ou aura quitté le territoire de relégation, celui qui aura outrepassé le temps fixé par l'autorisation, sera traduit devant le tribunal correctionnel du lieu de son arrestation ou devant celui du lieu de relégation et, après connaissance de son identité, sera puni d'un emprisonnement de deux ans au plus.

En cas de récidive, cette peine pourra être portée à cinq ans.

Elle sera subie sur le territoire des lieux de relégation.

Art. 15. — En cas de grâce, le condamné à la relégation ne pourra en être dispensé que par une disposition spéciale des lettres de grâce.

Cette dispense par voie de grâce pourra d'ailleurs intervenir après l'expiration de la peine principale.

Art. 16. — Le relégué pourra, à partir de la sixième année de sa libération, introduire devant le tribunal de la localité une demande tendant à se faire relever de la relégation, en justifiant de sa bonne conduite, des services rendus à la colonisation et de moyens d'existence.

Les formes et conditions de cette demande seront déterminées par le règlement d'administration publique prévu par l'article 18 ci-après.

Art. 17. — Le gouvernement pourra accorder aux relégués l'exercice sur les territoires de relégation, de tout ou partie des droits civils dont ils auraient été privés par l'effet des condamnations encourues.

Art. 18. — Des règlements d'administration publique détermineront :

Les conditions dans lesquelles les relégués accompliront les obligations militaires auxquelles ils pourraient être soumis par les lois sur le recrutement de l'armée ;

L'organisation des pénitenciers mentionnés en l'art. 12 ;

Les conditions dans lesquelles le condamné pourra être dispensé provisoirement ou définitivement de la relégation pour cause d'infirmité ou de maladie ; les mesures d'aide et d'assistance en faveur des relégués ou de leur famille ; les conditions auxquelles des concessions de terrain provisoires ou définitives pourront leur être accordées ; les avances à faire, s'il y a lieu, pour premier établissement ; le mode de remboursement de ces avances ; l'étendue des droits de l'époux survivant, des héritiers ou des tiers intéressés sur les terrains concédés et les facilités qui pourraient être données à la famille des relégués pour les rejoindre ;

Les conditions des engagements de travail à exiger des relégués ;

Le régime et la discipline des établissements ou chantiers où ceux qui n'auraient ni moyens d'existence ni engagement seront astreints au travail ;

Et en général toutes les mesures nécessaires à assurer l'exécution de la présente loi.

Le premier règlement destiné à organiser l'application de la présente loi sera promulgué dans un délai de six mois au plus, à dater de sa promulgation.

Art 19. — Est abrogée la loi du 9 juillet 1852, concernant l'interdiction, par voie administrative, du séjour du département de la Seine et des communes formant l'agglomération lyonnaise.

La peine de la surveillance de la haute police est supprimée. Elle est remplacée par la défense faite au condamné de paraître dans les lieux dont l'interdiction lui sera signifiée par le gouvernement avant sa libération.

Toutes les autres obligations et formalités imposées par l'article 44 du Code pénal sont supprimées à partir de la promulgation de la présente loi, sans qu'il soit toutefois dérogé aux dispositions de l'article 635 du Code d'instruction criminelle.

Restent en conséquence applicables pour cette interdiction les dispositions antérieures qui réglaient l'application ou la durée, ainsi que la remise ou la suppression de la surveillance de la haute police et les peines encourues par les contrevenants, conformément à l'article 45 du Code pénal.

Dans les trois mois qui suivront la promulgation de la présente loi, le gouvernement signifiera aux condamnés actuellement soumis à la surveillance de la haute police les lieux dans lesquels il leur sera interdit de paraître pendant le temps qui restait à courir de cette peine.

Art. 20 — La présente loi est applicable à l'Algérie et aux colonies.

En Algérie, par dérogation à l'article 2, les conseils de guerre prononceront la relégation contre les indigènes des territoires de commandement qui auront encouru, pour crimes ou délits de droit commun, les condamnations prévues par l'article 4 ci-dessus.

Art. 21 — La présente loi sera exécutoire à partir de la promulgation du règlement d'administration publique mentionné au dernier paragraphe de l'article 18.

Art. 22 — Un rapport sur l'exécution de la présente loi sera présenté chaque année, par le ministre compétent, à M. le président de la République.

Art. 23. — Toutes les dispositions antérieures sont abrogées en ce qu'elles ont de contraire à la présente loi.

La présente loi, délibérée et adoptée par le Sénat et par la Chambre des députés, sera exécutée comme loi de l'Etat.

Fait à Paris, le 27 mai 1885.

JULES GRÉVY.

Par le Président de la République,
Le Ministre de l'intérieur,
ALLAIN-TARGÉ.

TABLE DES MATIÈRES

Toulouse, typ. Durand, Fillous et Lagarde.

www.ingramcontent.com/pod-product-compliance
Lightning Source LLC
Chambersburg PA
CBHW032324210326
41519CB00058B/5538